내 강아지는 도시에 삽니다

자료출처

본 도서에 나오는 용어의 일부는 다음의 출처에서 도움을 받았습니다.

도그짱 견종백과 / 비마이펫 견종백과 / 힐스 / 나무위키 / 위키백과
두산백과 / 강아지 기르기 / 다시 쓰는 개 사전 / 로얄캐닌 / 한국애견연맹 견종 표준서 / 미국애견협회

내 강아지는
도시에 삽니다

박모카 지음

가디언

시작하며

강아지를 키우며 느꼈던 문화적 한계를 극복하고자 이 책을 집필하게 되었습니다. 이 책을 통해 다른 종끼리의 소통문제, 특히 우리나라 문화적 특징에 따른 강아지에 대한 편견과 선입견을 해소하고자 합니다.

강아지와 사람은 언어와 사용하는 주요 감각이 달라서 소통하다가 간혹 오해가 발생하기도 합니다. 강아지를 잘 모르는 사람이 '사람의 언어'를 쓰며 강아지에게 다가가다가 물리는 등 사고가 일어나기도 합니다. 강아지는 행동 중심적으로 표현하는데, 사람은 표정을 중점적으로 상대를 파악하기 때문입니다. 강아지가 불편해하는 시그널을 놓친 채 바운더리 안으로 들어가려 했기 때문일 확률이 높지요.

저와 함께하는 롤로의 경우, 태생이 경계가 심하고 차가운 성향을 띱니다. 짖는 것은 의사를 표현하는 데 중요한 요소입니다. 강아지가 짖는 시그널을 하지 않고 바로 공격하는 경우, 아주 위험한 상황이 펼쳐지기 때문에 짖는 능력은 아주 중요합니다. 하지만 롤로는 의사표현을 강하게 할 필요가 없다고 느끼는 것 같습니다. 강아지 동반 식당에서도 차분히 누워 있는 롤로는 후천적으로 짖지 않는 강아지로 자란 것 같습니다.

물론 롤로도 누군가를 향해 짖으며 의사표현을 하기도 합니다. 아직 누군가를 문 적은 없지만 물 가능성도 있다고 생각합니다. 기분이 좋을 때 짖는 강아지도 종종 있죠. 하지만 롤로와 함께 살면서 개물림 사고나 소음 등 갈등 없이 살면서 굉장히 고맙게 느껴졌습니다. 이런 경험을 다른 반려인들 또는 입양 계획이 있는 분들과 나누고 싶었습니다.

롤로를 키우며 적었던 육아일기에 그 경험을 빠짐없이 기록했습니다. 입양 전에 어떻게 하면 도시에서 사람과 강아지가 함께 융화되고 내 강아지가 공격적인 성향을 띠지 않을 수 있을지 많은 고민을 했습니다. 이는 강아지의 태도도 중요하지만, 사람 역시 이들의 성향을 이해하고 함께 노력해야 합니다.

서로가 소통법을 이해하고 차이점을 안다면 사람과 강아지가 공존하는 평화로운 동산을 만들 수 있을 것으로 믿습니다. 저뿐만 아니라 주위 이웃사촌도 함께 어울려 노는 꿈의 동산이 실제로 눈 앞에 펼쳐지는 날이 오면 좋겠습니다.

우리 집 강아지가 짖지 않았으면 하는 보호자

성숙한 반려 문화에 대해 생각해 보고 싶은 탐구자

강아지에 대해 심화 이해를 하고 싶은 자

CHAPTER 1

우리 처음 만났어요

강아지를 데리고 오기 전에 알아야 할 사항

롤로(필자가 키우는 개의 이름)는 진돗개 혈통이다. 정확하게 말하자면, 시골의 어느 진돗개가 낳은 아이를 데리고 온 것인데, 키우고 보니 몸통에 비해 다리만 자라지 않았다. 꼬리털은 여느 진돗개 마냥 빗자루처럼 풍성하지만, 머슴이라는 별명이 생길 정도로 다리가 짧은 모습이 꽤 어색했다. 그래서 유추해보니 아빠가 웰시 코기Welsh Corgi종인 것 같다는 생각이 들었다. 실제로 시골에는 은근히 웰시 코기가 많다고 한다. 롤로의 얼굴형 역시 웰시 코기를 많이 닮았다.

롤로가 어렸을 때, 특이한 외형을 보며 어느 강아지 종류일까 고민하는 데 꽤 많은 시간을 할애했다. 특히 롤로를 키우며 마주치는 사람들과 롤로의 태생에 대해 대화하며 여러 의견을 나누었다.

혈통에 대해 궁금해했던 이유는 간단했다. 롤로의 기질을 알고 싶어서였다. 절대적이지는 않지만 강아지 종별로 타고난 기질은 분명히 있다. 견종마다 조금 더 소심한 아이나, 조금 더 활동적인 아이의 차이 역시 분명히 있고, 자란 환경에 따라 성격이 또 달라지지만, 종에 따른 성격 차이도 분명하게 있다.

강아지를 입양할 때, 외적인 모습에 혹해서 데려오는 대신, 개의 종류에 따른 특성을 먼저 파악하면 좋을 것이다. 개 놀이터에 가면 강아지가 자주 보이는데, 그때 강아지가 노는 방법을 유심히 관찰해봐도 좋다. 예를 들어 보더 콜리Border Collie의 경우, 반려인에게 공을 자꾸 던져달라고 조르는 모습을 종종 볼 수 있다. 이는 활동 에너지가 엄청나다는 의미인데 진돗개의 경우 동반한 장소 주인의 주요 경계 대상에 속한다. 독립적인 성격에 다른 강아지와 다투는 경향이 있어서이다. 포메라니안Pomeranian으로 눈을 돌리면, 꽤나 앙칼지게 짖는 아이들이 있다. 이처럼 강아지는 종류별로 사람들이 잘 모르는 고유의 특성이 있으며, 이는 강아지를 입양하기 전에 중요하게 참고해야 할 포인트이다. 강아지의 종에 대해 먼저 파악한다면 기본 기질 외에도 털이 많이 빠지는 종류인지, 특정 질병에 취약한 종류인지 등도 알 수 있기에 미리 파악한 후 입양 절차를 밟는 것이 좋다.

참고로 강아지의 외적인 모습이 강아지에게 어떤 영향을 줄까 생각해보는 것도 좋다. 많은 강아지나 사람이 까만 강아지를 흰 강아지보다 더 무서워하는 경향이 있다는 것을 어두운 털의 롤로를 키우며 느꼈다. 코가 눌린 형태의 단두종 강아지, 즉 불도그Bulldog나 퍼그Pug, 보스턴테리어Boston Terrier 같은 아이들은 입이 커 보여서 코가 뾰족하게 튀어나온 강아지의 입장에서 봤을 때, '위협을 받았다고 느낄 수 있다'라는 말이 있다. 실제로 롤로가 어렸을 때, 코가 납작한 아이들을 보면 싸우려고 했고, 지금도 그런 강아지를 마주치면 혹시나 싶은 마음에 더 조심하게 된다.

진돗개는 덩치도 크고, 경계심이 많아 키우는 난이도가 높은 편에 속한다. 진돗개는 건강하고 스스로 먹는 양을 조절하기도 하며 배변도 잘 가리는 등 위생관리도 잘하는 편이어서 키우기 쉬운 견종으로 볼 수도 있지만 성향이 뚜렷해서 잘못 키울 경우 경계심, 공격성으로 인해 인구가 많은 도심에서 사고 없이 키우기는 꽤 어려운 편이다. 필자 역시 진돗개 성향이 강한 롤로를 도시에서 공생할 수 있는 성격으로 키우기 위해 많은 노력을 했다. 그 결과 롤로는 다른 사람들에게 조용하다, 혹은 얌전하다는 칭찬을 많이 들을 수 있었다. 롤로의 형제들은 뿔뿔이 흩어져, 시골 곳곳으로 입양을 갔는데 여느 시골 개처럼 낯선 사람을 보면 왕왕 짖는다고 들었다. 이처럼 종류가 같아도, 심지어 같은 배에서 나와도 형제마다 성격이 모두 다르며, 살아가는 환경에 따라 달라지기도 한다.

이 책에서는 앞으로, 살아가는 환경에 초점을 맞춰 '온순한 강아지로 키우는 법'에 대해 중점적으로 다루려 한다.

다른 강아지랑 마주쳤을 때 잘 놀고, 외출했을 때 조용하게 있는 강아지가 되기 위해서는 여러 전제조건이 필요하다. 예를 들어 강아지 동반 카페 같은 곳을 갔을 때, 강아지는 뛰어놀고 싶더라도 사람들의 공간이기에 가만히 앉아 있어야 할 때가 있다. 그때는 자신의 보호자에 대한 존중이 필요하다. 처음 보는 강아지랑 마주쳤을 때는 다짜고짜 놀자며 뛰는 대신 서로의 냄새를 맡으며 차근차근 친해지는 과정이 필요하다.

이번 화에서는 개의 세계에서 가장 기본이 되는 '개의 언어를 아는 강아지'에 대해 다루겠다. 같은 개체 간의 소통 방법은 사회화의 기본 뼈대이기 때문이다. 개체 간 소통을 할 수 있어야 사람과 공감대 형성하는 것을 수월하게 받아들일 수 있다. 사람과 통하는 방법을 알게 되면 강아지가 자신의 의지대로 사람이 원하는 바를 들어주기 위한 행동을 할 수 있기 때문에 사회화의 기본이 되는 강아지의 언어를 아는 강아지는 중요하다. 강아지는 사람의 언어를 쉽게 받아들이기 어려워하지만, 개체 간 소통이 되는 강아지가 되어야 흔히 알려진 카밍 시그널Calming Signal을 통해 소통하고자 했을 때 보다 더 쉽게 소통할 수 있게 된다.

강아지가 세상에 태어나서 처음 보는 개는 엄마 개다. 엄마 개는 끝없는 모성애로 새로 태어난 새끼 강아지를 돌본다. 새끼 강아지가 눈을 뜨면 엄마 개의 행동을 따라하며 본능적으로 행동하는 법을 배운다. 어느 정도 인지능력이 생기면 엄마 개는 새끼 강아지에게 예절을 알려준다. 과하게 젖꼭지를 빨면, 엄마 개는 새끼 강아지를 제지하며 무언가를 필요 이상으로 세게 물지 말라고 일러준다. 엄마로부터 '개의 언어와 예절'을 배우는 것이다.

안타깝게도 우리나라에는 어린 나이에 어미와 떨어져 지내는 강아지가 많은 편이다. 어미로부터 배웠어야 할 개의 언어와 예절을 충분히 배우지 못한 상황인 것이다. 이들은 낯선 강아지를 처음 봤을 때 어떻게 행동해야 할지 몰라서 무례한 행동을 보이기도 하는데 이는 싸움으로 번질 때도 있다. 그렇다면 이를 해결할 방법은 없는 걸까?

방법은 있다. 바로 엄마 개가 아닌 다른 개에게서 배울 수 있다.

실제로 롤로도 윗집 쭈쭈한테 많은 언어와 예의를 배웠다. 쭈쭈는 출산의 경험이 있고 연륜이 느껴지는 유기견 출신 개인데, 눈치가 빨라서 사람, 개 누구한테나 가릴 것 없이 사랑받는 개이다.

쭈쭈가 처음 롤로를 만났을 때, 롤로는 다른 개와 어떻게 노는지 모르는 상태였다. 쭈쭈가 상체를 구부리고 엉덩이를 하늘로 세운 채 앞발을 탁탁 치며 '이렇게 노는 거야'라고 알려주었다. 처음에는 의도를 못 알아듣고 헤매던 롤로도 곧 잘 따라하며 강아지끼리 노는 법을 배웠다.

롤로와 꽤 익숙하게 어울리던 쭈쭈는 한두 번씩 놀아주다가, 며칠 동안 안 놀아주고 거절을 시작했다. 롤로가 좀 심하게 들이대고 꼬리를 물고 목걸이를 물고 하는데, 쭈쭈는 하지 말라고 입만 쩍 허공에 벌리고 살짝이라도 깨물지는 않았다. 너무 젠틀하게 거절해서 그런지 며칠째 롤로의 행동은 반복되었다.

쭈쭈의 젠틀함이 며칠간 이어지다가, 이제는 표현을 조금씩 강하게 하기 시작했다. 끈질기게 놀자고 덤벼드는 롤로를 피해다니다 나중에는 이빨을 보여주는 표현을 시작한 것이다. 귀를 뒤쪽으로 모으며 싫다는 표현을 확실하게 했다. 다행히 롤로는 이것이 거절의 의사임을 알게 되었다. 시도때도 없이 놀자고 하면 상대가 싫어할 수 있다는 사실과 싫다는 표현을 배운 것이다.

이후에 롤로의 형제를 만났는데, 형제가 롤로에게 놀자며 자꾸 치근덕거렸다. 롤로는 이것이 상당히 귀찮았나 보다. 쭈쭈가 한 것처럼 이빨을 보이며 놀기 싫다는 의사 표현을 했다. 당시 쭈쭈의 얼굴이 떠오를 정도로 판박이처럼 행동해서, 역시 배우는 것이 중요하다는 생각을 했다.

롤로의 배움은 덩치가 커짐에 따라 다른 곳에서도 이어졌는데, 롤로가 폭력적인 모습을 보고 배울까 봐 걱정했던 때도 있었다.

개 놀이터에 롤로를 데리고 가보니 성격이 좋지 않은 개들이 종종 있어서 걱정되었다. 한 번은 저녁에 개 놀이터에 갔는데, 그때가 마침 리트리버Retriever 모임 시간대였나 보다. 딱 특정 시간이 되니 리트리버가 하나둘씩 나타나더니 다섯 마리 정도가 모였다. 소형견 칸으로 가기에는 롤로의 덩치가 큰 편이었기에 대형견 칸에 머물렀지만 그중에 덩치가 작았던 개는 롤로 혼자였다. 리트리버들이 싸우려고 덤비거나 위협하지는 않았는데, 롤로가 움직이려고 하면 달려와서 롤로를 팡! 치고 지나갔다. 롤로가 구석에 가만히 있으면 신경을 쓰지 않았다. 하지만 롤로가 움직이려고 하면 바로 달려와서 또 팡! 치고 갔다. 마치, 리트리버들이 큰 덩치로 텃세를 부리는 느낌이었다.

그렇게 몇 분이 지났을까. 새로운 리트리버가 들어왔다. 그 리트리버는 유난히 덩치가 컸다. 롤로가 마음에 안 들었는지, 다짜고짜 뛰어와서 롤로를 물려고 했다. 다행히 롤로가 이리저리 피했는데, 리트리버는 무서운 소리를 내며 이빨을 한껏 드러냈다. 롤로를 정말로 물기 위해 빠르게 쫓아다녔다. 다행히 필자가 롤로를 빨리 안아 들며 상황이 종료되었고, 그곳을 도망치듯 나왔다. 하지만 이미 롤로에게는 큰 개에 대한 트라우마가 생긴 것 같아 오랫동안 걱정을 했다.

롤로가 야외 활동을 많이 하면서, 마주치는 개의 숫자가 늘어나자 이렇게 다른 개가 싸움을 걸어오는 일이 늘어났다. 그때마다 롤로에게 특정 종에 대한 트라우마가 생길까 봐 두려웠다. 성격이 좋아 보이지만 몸을 마구 쓰며 컹컹 짖는, 모르는 사람이 보면 싸운다고 오해를 할 수 있는, 다소 난폭하게 보이는 개와 한바탕 놀면, 이런 행동을 롤로가 배워서 성격이 나빠질까 두렵기도 했다. 롤로의 성격 형성에 대한 걱정을 하던 중에 새로 방문하게 된 장소에서 훌륭한 선생님인 강아지를 만나게 되었는데, 이 강아지와 놀면서 내가 걱정하던 부분은 어느새 사라지게 되었다.

새로 만난 강아지는 조용히 레슬링을 하며 강아지끼리 짖지 않는 의사소통법을 가르쳐 주었다. 서로 한참 놀다가 다른 보호자들에게 간식도 받아먹었다. 이후로 사람만 만나면 좋아하는 강아지가 되었다. 가끔 성격이 모난 강아지가 오더라도 롤로는 이를 무시할 수 있는 여유도 생겼다.

강형욱 훈련사가 지은 『내 강아지 마음 상담소』라는 책에는 다음과 같은 구절이 있다.

"사람들이 지역이나 나라마다 각기 독특한 문화와 특색을 가지고 있듯 강아지들도 마찬가지예요. 예를 들면, 미국 강아지들은 좀 의연하게 행동하는 경향이 있습니다. 아마도 보호자와 같이 있는 시간이 상대적으로 많고, 산책도 자주 하고, 사는 환경도 반려견을 키우는데 친화적이기 때문에 그럴 수 있겠죠. 이런 조건 속에서 사는 반려견들은 자기들끼리 서로 잘 어울리고, 장난도 잘 치고, 그러다가도 상대가 싫어하면 곧 멈추고 하는 그런 몸짓 언어들을 많이 사용합니다. 갑자기 왜 이런 이야기를 하냐면, 미국 강아지들에 비해 한국에 사는 강아지들은 거칠게 소통할 때가 많고 대부분 방어적인 대화를 하는 경향을 보이기 때문입니다. 그래도 한국 강아지와 미국 강아지가 만나면 잘 어울려놀 겁니다. 처음에는 조금 대화가 안 될 수도 있지만 시간이 좀 지나면 부드러운 보디랭귀지를 쓰는 강아지가 흥분된 상태로 거친 보디랭귀지를 쓰고 있는 강아지를 잘 이끌어 줄 테니까요. 사람도 항상 올바른 길로 가고 싶어 하잖아요. 강아지들도 비슷하답니다!"

내가 생각하던 바를 어떻게 이렇게 잘 풀어서 설명했는지, 깜짝 놀랐다.

강아지를 무서워하는 사람의 마음

강아지를 보고 무서운 마음이 먼저 드는 건 죄가 아니다.

하지만 댕댕이나 댕냥이라는 단어가 자주 쓰이고, 귀여운 강아지 짤이 자주 돌아다니는 요즘, 길 맞은편에서 걸어오는 강아지를 무서워하면 왠지 모르게 꼭 나쁜 사람이 되는 것만 같다.

움츠러드는 몸이 다른 사람들에게는 괜히 아무것도 모르는 귀여운 생명체한테 알 수 없는 두려움을 느끼는 존재처럼 보이는 것은 아닌지. 차라리 동물을 좋아했으면 마음이 편할 것 같다.

강아지를 무서워하는 사람을 찾아봤다. 이분의 마음은 어떨까?

Q. 트라우마가 있는지?

어렸을 때 개에게 다리를 살짝 물렸던 것을 계기로 공포심이 커졌어요. 심각한 사건은 아니었는데, 그래서인지 상상으로 더 무서운 것을 생각하다 보니 점점 더 공포심이 커졌어요. 오히려 심각하지 않았던 상황에서 어릴 적 풍부한 상상력이 더해져 공포를 점점 더 키웠던 것 같아요.

강아지가 나를 보며 좋다고 웃는 걸 보더라도 이빨이 드러나면 공포를 느꼈어요. 그래도 예전엔 지나가는 걸 보기만 해도 너무

무섭고, 사진도 보기 싫었는데 지금은 많이 나아졌어요. 버틸 수 있게 되었죠. (웃음)

Q. 계기가 있나요?

SNS를 통해서 주위 사람들이 반려동물의 사진을 올리는 게 컸죠. 처음에는 사진을 그냥 넘기다가 반려동물의 사진만 올리는 친구는 팔로우를 끊기도 했어요. 그래도 어쩔 수 없이 계속 보게 되니 점점 나아졌어요.

저희 친오빠가 슈나우저Schnauzer를 키우는데, 너무 무서웠죠. 그런데 나이가 들어 개가 기력이 없어진 걸 보며 안쓰러운 감정이 들더라고요. 다른 사람들의 개가 죽는 걸 보고, 이에 마음 아파하며 가족이 죽는 것처럼 여기는 모습을 보며 제 인식도 같이 바뀌었어요. 동물과 사람과의 관계가 제가 생각했던 부정적인 것보다 새로운 관계로 발전할 수 있음을 느꼈어요.

Q. 반려동물이랑 인연이 없으신지?

어렸을 땐 고양이를 키웠어요. 요즘처럼 가족 같은 개념이 아니었기 때문에 많이 친해지지 않은 채로 살았죠. 어른이 되어 살다 보니 어느 날 운영하는 공방에 고양이가 서성거리더라고요. 뭔가 도움이 필요한 것 같아서 무의식중에 그 고양이를 드는 순간, '물컹'하는 느낌이 너무 소름 돋았어요. 제가 사람이 아닌 생명체를 무서워한다는 걸 새삼 느꼈던 경험이에요.

아이러니하게도, 최근에는 강아지를 키워도 괜찮겠다는 생각이 들었어요. 저는 강아지가 싫은 게 아니고 단지 무서운 건데, 요즘에는 친해질 수 있겠다는 생각에 이상하게 용기가 나요.

강아지를 젠틀하게 거절하는 법

TV를 켜면 개와 관련된 사람들이 나온다. 그들은 강아지를 혼내지 말라고 한다. 그것이 강아지를 키우는 가장 기본적인 규칙이고, 강아지를 훈련시키는 법이나 매너 교육 등 모든 것이 이 기본 규칙에서 파생된다. 나도 그것에 동감한다.

특히 투덜대는 것과 화내는 것은 관성이기에, 부정적인 행동을 하지 않는 것으로 계속 그 행동은 잦아들 수 있다.

어느 단체는 부정적인 행동을 유발하는 스트레스를 줄이기 위해 가슴을 치며 소리를 지르라고 하고, 심지어 미러볼을 돌리고 큰 음악을 틀어서 쌓여 있던 마음의 스트레스를 해소하라고 하지만 강아지를 기르며 이런 방법을 적용하기에는 무리가 있다. 스트레스 자체를 안 받게 해야 하는데, 몸을 건강하게 유지하고 긍정적인 생각을 하게 해야 한다. 이에 대해 다루기엔 이야기가 너무 길어지기에 다른 기회에 자세히 설명하고자 한다.

삶을 살면서 선과 악의 주체는 계속 바뀐다는 점을 기억하면 좋겠다. 우리는 절대적으로 나에게 부당한 대우를 하는 대상을 싫어하는 마음이 생겼다가, 점차 시간이 지나 그 마음이 수그러들 때쯤 상대는 나의 마음을 알게 된다. 투덜대는 내 행동이나 표정 등에 묻어 나오는 것을 알아채는 것이다. 그렇게 되면 내 마음속에 있던 미움과 증오가 싫어했던 대상자에 옮게 되고, 악의 주체는 어느새 나로 바뀌어 있다. 누군가와의 싸움에 선과 악은 없다. 누가 먼저 시작했느냐의 문제도 중요하지 않다.

"모든 행동은 나름의 이유가 있고, 적어도 행위자 자신에게는 정당한 행동이다. 잘못한 행동이 있다는 것은 실수인 것이고, 자기 자신도 잘 알고 있다. 하지만 행위자가 했던 잘못한 행동을 상대방이 이해하지 못하고 나를 공격한다면, 그건 받아들일 수 없다." 이것이 대부분의 패턴이지 않을까.

많은 종교에서, 그리고 위대한 업적을 행한 사람들이 말하는 공통의 키워드가 사랑과 포용이라는 것은 우연의 일치가 아니다. 마음으로 이해하는 노력이 필요하다. 이런 마음가짐으로 투덜대는 부분과 화내는 부분을 줄여나가면 분명 강아지를 대하는 태도도 달라질 것이다.

강아지에게 화를 내지 말라는 메시지를 보내는 것은 당연한 것이다. 하지만 강아지가 내가 원하지 않는 행동을 했을 때, 내가 불편하다는 것을 어떻게 알려줄 수 있을까?

보통의 강아지는 자기가 불편해하는 상황을 맞닥뜨리면, 여러 행동 언어 중 코를 핥거나 하품을 하며 내 상황에 대한 메시지를 전달한다고 한다. 실제로 내가 껴안으려고 하면 롤로는 코를 할짝거리고, 그래도 내가 아랑곳하지 않으면 소리 나는 하품을 머리가 흔들릴 정도로 크게 한다. (롤로는 내가 팔을 이용해서 롤로의 몸을 감싼 상태로 안는 것을 싫어한다.) 이렇게 강아지는 자기의 기분이나 상태를 행동으로 보여주는 상황이 많다. 행동 언어를 따라 하면 강아지도 알아들을 수 있기에 내가 싫어하는 상황이 벌어진다면 나도 부드러운 거절의 의미로 하품을 하며 시선을 다른 곳에 두기도 해봤다.

하지만 두려운 사람을 향해 짖는 등 롤로가 본능적으로 강하게 원하는 행동이 있을 경우, 나의 이런 행동은 롤로에게 전해지지 않았다. 조금 더 강한 메시지를 전달해야겠다 싶어서, 집 안을 불안해 보이게끔 빠른 걸음으로 왔다 갔다 했다. 이는 효과가 있어 보였지만 곧 없어졌다.

나는 이럴 때, 롤로에게 깜짝 놀란 어투로 높은 음정의 '노~ 노~'를 외치며 롤로의 앞을 가로막는다. '네가 경계할 필요 없어. 내가 처리할게'라는 메시지를 주기 위해 사람과 롤로의 사이를 가로막는다. 그러면 롤로의 멍멍 짖음은 낑낑으로 바뀌고, 곧 조용해진다.

하지 말라고 직접적으로 말하는 것이 내가 롤로를 제지하는 가장 극단적인 모습이다. 강하게 말하는 방법인 만큼, 사람에게 해가 되는 행동을 했을 때만 아껴서 쓴다. 강하게 말하는 것을 자주 반복하다 보면, 계속해서 더 강하게 말해야 되는 상황이 벌어질 수 있기 때문에 강아지에게 강한 언어로 말하는 것은 나에게도 최후의 방법이다.

역으로 롤로가 최후의 방법으로 내게 메시지를 전달할 때는 낑낑거릴 때다. 롤로는 실외 배변을 하는데, 웬만하면 용변을 참는다. 정기적으로 외출하는 것을 알기 때문에 그때가 올 때까지 기다린다. 나 역시 이것을 알기 때문에 롤로와의 산책은 비가 오거나 미세먼지가 많아도 꼭 지킨다. 해가 뜨거워 아스팔트가 프라이팬처럼 데워져 있는 날에도 그늘 쪽으로만 걷는 방법 등으로 어떻게든 외출을 한다. 하지만 예외는 있는 법. 대변, 특히 뼈 종류를 먹어서 딱딱한 변이 마려울 때는 롤로도 참지 못한다. 어쩔 수 없이 낑낑거리고 나를 뚫어져라 쳐다보는 방법으로 외출하고 싶다는 메시지를 전달한다. 롤로도 이렇게 강하게 메시지를 전달하는 것은 최대한 아껴서 하는 것인지, 몇 개월이나 일 년에 한 번 꼴로만 낑낑 찬스를 쓴다.

나와 롤로는 평상시에는 조금 더 부드러운 화법을 쓰며 소통한다. 이는 우습게도 '놀라는' 방법이다.

롤로가 오랜만에 할머니를 만났을 때였다. 롤로가 좋아하는 할머니를 몇 개월 만에 다시 만났는데, 이때 흥분한 나머지 할머니에게 팔을 쭉 뻗어, 할머니를 밀치는 상황이었다. 아무리 좋다는 긍정의 상황이어도 사람을 밀치면, 특히 힘이 없는 할머니인 경우는 넘어져 다칠 위험이 있다. 넘어지지 않더라도 발톱에 상처를 입는 등 롤로가 의도하지 않은 사고가 발생할 수 있다. 나는 이것이 롤로가 사람에게 우호적인, 누군가를 반기는 최대의 표현 방법일지라도 이런 격한 표현 방법은 사용하지 않았으면 했다. 좋아하는 사람을 만난 롤로는 흥분이 주체가 되지 않아 했는데, 내가 다섯 번을 놀라자 롤로는 진정을 되찾았다. 놀랄 때는 '헤엑!' 소리를 내며 상대가 깜짝 놀랐다고 느끼게끔 정말 놀라는 연기를 한다. 처음 '헤엑'을 듣지 않을 경우, 내 놀람은 점점 더 커진다. 할머니 역시 가만히 서 계시면서 먼 곳을 바라보며 롤로를 무시해주었다. 주위에 있는 사람들 모두가 일관된 행동으로 롤로에게 거절의 의사를 표하니, 효과적으로 과한 행동을 저지할 수 있었다.

놀라는 것으로 거절을 말하게 되면, 거의 어지간한 상황에서는 이것을 거절로 받아들이고 행동을 곧 멈춘다. 산책을 하다가 과자가 떨어져 있을 때 롤로는 킁킁거리며 몇 초간 냄새를 맡는다. 내가 다른 것을 보며 정신이 팔려 있을 경우 나 몰래 이것을 먹기도 하는데, 내가 이것을 인지하고 놀라면 안 먹는다. 몇 번 반복하다 보니 내가 놀라지 않아도, 보고 있다는 것을 인지했을 때는 땅에 떨어져 있는 과자를 먹지 않는다. 산책을 하다가 바닥에 떨어져 있는 음식을 먹는 행위가 내가 싫어하는 것임을 확실히 아는 것 같다.

평소에는 롤로도 나에게 부드럽게 거절을 한다. 어렸을 때부터 사람이랑 붙어 있는 것을 싫어했다. 같이 침대에서 자고 싶어 애걸복걸해도 침대 밑 양탄자에 올라가는 것이 최선이었던 롤로였다. 롤로가 거실에 누워 있으면, 가끔 롤로를 안아주러 가는데 롤로는 코를 할짝거리며 불편함을 내색한다. 내가 신경 쓰지 않고 롤로 옆에 누워 팔을 뻗으면 롤로가 하품을 하는데, 이때 나도 롤로의 의사를 존중해서 얼른 멀어진다. 아주 가끔씩은 롤로가 너무 사랑스러워서 안아주는데, 그때는 그 짧은 다리로 나를 강하게 밀어낸다. 이런 상황 외, 롤로가 나에게 거절을 표했던 적은 없었던 것 같다.

부드러운 표현의 방법을 썼을 때, 소통을 원활하게 하는 방법은 간단하다. 바로 원하는 바를 들어주는 것이다. 다음 장에서는 부드러운 표현만을 사용해 지속적으로 소통할 수 있는, 그러니까 강아지의 경우 으르렁거리거나, 사람의 경우 소리 지르는 극단적인 표현을 하지 않을 수 있는 방법에 대해 얘기해보겠다.

참고로 무분별한 포용과 혼내지 말라는 말에 대해 헷갈려하는 사람이 있다. 보호자는 주인으로서 카리스마를 가져야 한다. 강아지에게 평상시에는 부드러운 표현의 방법을 쓰되, 안전과 관련된 상황에서는 강아지를 거칠게 혼내야 하는 상황을 맞닥뜨리기도 한다. 이 때 명심해야 할 점은 일관성이 있고 감정이 실리면 안 된다는 점이다. 감정이 실리는 순간 그건 혼내는 것이 아니라 단순한 감정풀이나 폭력이 될 수 있기 때문이다.

TIP ---

강아지 훈련사 노하우

Q. 강아지를 혼내는 훈련법이 있나요?

혼내는 훈련법보다는 체벌에 관해서 설명해드릴게요. 체벌은 충분한 강도와 일관성이 가장 중요합니다. 사람들은 보통 너무 낮은 강도에서부터 체벌을 시작하는데 이를 깨닫지 못하는 경우가 많아요. 예를 들면 입으로 '쓰읍' 같은 작은 소리부터 '안 돼', 박수 소리, 그다음에 크게 소리를 지르고 그다음엔 꿀밤을 때리는 등 단계를 올려가는데 이러면 체벌에 대한 저항이 생겨서 나중엔 체벌에 대해 무뎌질 뿐아니라 거꾸로 공격성을 띨 수도 있습니다. 그리고 올바른 타이밍에 체벌이 들어가지 않으면 강아지는 무엇을 잘못했는지 모르기 때문에 모든 행동에 소심해질 수 있어요. 이러한 점들을 염두하고 감정을 배제한 상태에서 체벌해야 폭력이 아닌 올바른 체벌이 될 수 있다고 봅니다.

Q. 먹을 것에 집착이 심해서(본능적) 사람에게 공격적인 모습을 보이는 경우는 어떻게 대처할 수 있는지(어떻게 온순하게 만들 수 있는지, 집착을 줄이게 하는 법 등) 궁금합니다.

보호자와 반려견의 서열 관계가 중요하다고 생각합니다. 강압적인 방법이 아니라 너무 오냐오냐 키웠기 때문에 그랬을 수도 있다고 생각해요. 그리고 평소에 반려견이 보호자에게 간식 등을 빼앗긴 경험이 있다면 트라우마에 의해서 그럴 수도 있습니다. 서열 관계를 바르게 잡고 간식을 하나하나 직접 주면서 기다리는 교육을 하면 좋겠죠.

Q. 사료 말고 다른 음식에 집착하는 강아지는 간식을 안 주면 다 해결되는지 궁금해요!

사료를 별로 좋아하지 않고 다른 음식에만 집착하는 강아지의 경우를 얘기하시는 것 같아요. 사료보다 다른 음식들이 훨씬 맛있는 경우가 많기 때문에 당연히 다른 음식을 더 선호할 수밖에 없어요. 만약 배가 너무 고픈 상태에서 열심히 참고 기다렸다가 먹은 음식은 훨씬 더 맛있을 거예요. 이러한 상황은 가정에서 흔히 일어나는 경우인데, 사료를 안 먹으면 조금 후에 간식이 나오기 때문에 이렇게 학습이 되는 것이라 볼 수 있습니다. '사료를 안 먹으면 즉시 치우고 그 외의 음식은 주지 않는다.'라는 옛날 방식이긴 하지만 이런 상황만큼은 이 방식이 맞다고 생각해요.

Q. 산책하다가 다른 강아지를 보고 짖는 강아지의 경우 온순하게(도시에서 살기 쉽게) 훈련하는 법이 궁금합니다.

평소에 다른 강아지에 대한 경험이 매우 적거나, 트라우마, 혹은 너무 산책을 하지 않거나 스트레스나 경계심이 쌓여서, 또는 보호자를 지키기 위해서, 영역에 대한 본능 등등 강아지가 짖는 경우는 여러 가지 경우가 있을 수 있겠네요. 이미 성견이 되었고 이런 상황이 생긴 거라면 자신의 반려견을 충분히 관찰해가며 적절한 경험과 교육이 필요하다고 생각합니다. 그리고 어릴 때부터 많은 강아지를 만나게 해주고 충분한 활동과 경험을 시켜 올바른 사회화 교육을 받을 수 있게끔 해주는 것이 가장 좋은 예방 방법이겠죠.

Q. 행동교정 개선이 되었는지 확인하는 객관적인 수치가 있는지 궁금합니다!

교육은 개와 평생 함께해야 할 습관과 약속이라고 생각합니다. 미디어 매체 또는 교육 시설에서는 몇 개월 코스, 심지어는 하루 이틀 안에도 교육이 끝났다고 하는데, 문제 행동은 언제든지 재발할 수 있기 때문에 확실히 알 수 없다고 생각해요. 그리고 아무리 확신을 갖고 있다고 해도 다시 실수가 반복된다면 얼마든지 재발할 수 있겠죠.

현재의 행동교정은 많은 선배 훈련사들의 경험과 지식을 통해

만들어졌다고 보면 됩니다. 다만 어디에서도 아직 그런 행동교정

에 대해 객관적인 수치화나 과학적인 증명이 이뤄진 곳은 없는

걸로 알고 있어요. 어디엔가에서는 하고 있을지 모르겠지만요.

강아지 언어를 아는 사람이 되는 법

싫다고 부드럽게 거절하는 것을 강아지가 듣기 원한다면, 역시 강아지가 부드럽게 거절을 할 때도 그것을 받아들여야 한다. 그렇다면 강아지가 전달하는 메시지는 사람 입장에서는 어떻게 해야 이해할 수 있을까?

여기에 대해 알아보려면, 일단 사람끼리는 어떻게 소통하고 있는지 살펴봐야 한다. 미국의 사회학자 앨버트 메리비언 연구에 따르면 타인과 의사소통 시 언어적 요소는 7%, 비언어적 요소는 무려 93%를 사용하는 것으로 조사되었다고 한다. 하지만 비언어적 요소를 구성하는 눈동자 크기, 눈썹, 미간 근육, 눈꺼풀의 미세한 떨림 등을 사람들에게 제시하면, 그 의사표시에 대해 잘 맞출 때도 있고 잘못 맞출 때도 있다. 표정에 대해서는 폴 애크만이라는 미국 심리학자가 많은 연구를 했는데,『얼굴의 심리학』이라는 책의 뒤쪽을 보면 여러 예제가 나온다. 예제를 따라 해보면 표정에 따른 감정 맞추기가 생각보다는 어렵다는 것을 알 수 있다.

강아지는 온몸으로 기쁨, 두려움, 즐거움, 공포, 분노, 긴장감, 고통, 불편함을 표현한다. 언어적 요소를 사용하는 비중이 사람에 비해 적은 대신, 사람보다 적극적이고 직설적으로 메시지를 전달하는 것이다.

다시 폴 애크만의 연구로 돌아가 보면 그의 예제 사진 중에는 비웃음을 짓는 얼굴과 마음속에서 우러나와 웃고 있는 사람의 얼굴이 각각 나와 있다. 이 사진을 본 사람은 사진 속 상대가 어떤 의미로 그런 표정을 지었는지 파악하기 어렵다. 이렇게 의사소통에 있어 비언어적 요소를 93%나 쓰는 사람끼리도, 단편적인 모습만 주어졌을 때는 상대의 의도를 파악하기가 어려운 법이다. 이와 마찬가지로 강아지가 행동을 통해 메시지를 전달한다고 해도, 단편적인 강아지의 행동을 보고 그 의도를 파악하기는 어렵다. 예를 들자면 바닥 냄새를 맡는 것은 진짜 냄새를 맡으려는 경우와 현 상황이 어색해서 그러는 경우로 나뉠 수 있다. 몸을 부르르 터는 것 역시 상황이 어색해서와 물기를 털 목적 등으로 나뉠 수 있다. 즉, 강아지가 보내는 메시지의 의도를 이해하기 위해서는 맥락의 파악이 중요하다.

사람끼리 소통할 때는 비언어적 요소를 기반으로 시각과 청각을 통해 의사 표현의 내용을 구체화할 수 있다. 비슷하게, 강아지는 냄새로 주요 정보를 파악한다. 냄새로 성별이나 상대의 기분을 알 수 있기 때문에 친해지는 과정을 거치지 않고 강아지에게 사람 대하듯 곧바로 다가가면 위험할 수 있다. 실제 2008년 〈언테임드&언컷〉 다큐멘터리에서는 강아지의 본능을 무시한 결과가 사고로 이어지는 일이 발생했다. 리포터가 강아지에게 다가가는데, 이 상황이 불편했던 강아지는 행동으로 몇 번 주의를 주다가 결국 리포터를 물어버리는 대형사고가 일어났던 것이다.

이와 반대로, 사람이 강아지의 메시지를 알아듣는다면 강아지도 신나서 더 많은 이야기를 시도할 것이다. 요컨대 강아지가 주는 메시지를 받아들이고 이해하는 것이 중요하다.

카밍 시그널이라는 단어가 이때 등장한다. 강아지의 카밍 시그널은 긴장감을 풀기 위해 하는 행동이다. 이럴 때는 자기를 건드리지 말아 달라는 의미가 된다. 카밍 시그널은 의사소통의 가장 기본이 되는 단계이며, 강아지가 카밍 시그널을 했을 때 내가 차분하게 있는다면 더 이상 강아지도 멍멍 소리 지르거나 깨무는 등 극단적인 방법을 하지 않을 것이며, 내가 보내는 메시지 역시 존중해줄 것이다.

카밍 시그널의 종류에는 하품, 시선 돌리기, 고개 돌리기, 입술 핥기, 몸 털기, 한발 들기, 눈 깜빡이기, 다른 냄새 맡기, 돌아서기, 주저앉아 엎드리기 정도가 있다. 강아지가 보내는 메시지는 사람이 느끼기에 아주 사소하고 순간적으로 지나가기 때문에, 위 열거된 행동을 하는지 잘 관찰해야 한다. 예를 들어, 눈 깜빡이기의 경우는 평소보다 눈을 조금 더 자주 깜빡이는 경우인데 신경 써서 관찰하지 않는다면 잘 놓치는 요소이기도하다.

강아지가 입술을 핥으며 날름거리는 것은 그나마 눈치채기 쉬운 상황이다. 내 눈에 더 띄는 행동이라는 것은 강아지 입장에서도 조금 더 강하게 말하는 것임을 기억해야 한다.

실제 예를 들면, 롤로는 사람에게 안길 때 긴장하는 경우가 많다. 긴장을 많이 하면 다리가 뻣뻣해지고 눈이 두려운 듯 커진다. 이때 코를 할짝거리고 심하면 하품도 한다. 이때 내가 카밍 시그널을 무시하게 된다면, 롤로는 더 심한 행동을 통해 강하게 메시지를 전달하려 할 것이다. 자리를 피하거나, 으르렁대거나, 이빨을 보이거나, 짖거나, 심하게는 무는 행동으로까지 이어질 수 있다. 처음에는 단계를 거치며 천천히 경고하지만, 부드럽게 거절하는 행동이 무시당하는 횟수가 잦을 경우 화를 내는 속도는 점점 가속된다. 경고 없이 왕 짖으며 화를 내거나 바로 깨물려고 하는 등 극단적인 행동을 하는 강아지는 이미 과거에 수없이 카밍 시그널을 무시당했던 경험이 있을 것이다.

강아지의 행동을 잘 살피는 것은 소통의 가장 기본적인 요소이며 중요한 핵심이기도 하다. 다만 책에 적힌 행동을 한다고 해서 '이 행동은 이런 뜻이야!'라고 단정 짓기보다는 전반적인 상황에 대해 유기적이고 종합적인 사고방식이 필요하다.

마지막으로 중요한 부분이 있다. 그것은 바로, 우리는 강아지가 싫어하는 행동을 해야 할 때가 있다는 것이다. 사람과 어울려 사는 강아지는 그들 간에도 매너를 지켜야 하고, 사람과 마주쳤을 때도 예의가 있어야 한다. 물지 않는 개라도 맹견에 속하면 입마개를 해야 하는 상황이 그런 예다. 개 입장에서는 '나 입마개 안 해도 사람 안 물게요. 착하고 순하게 가만히 있을 테니, 안 하면 안 돼요?'라고 생각할 수 있다. 하지만 그 개를 쳐다보는 많은 사람은 그 개의 성격 자체를 모른다. 크고 우락부락한 겉모습에 충분히 무서움을 느낄 수 있다. 개가 평소에 온순하다가도 이성을 잃고 행동할 수 있는 가능성은 충분히 열려 있기 때문에 여태까지 이 강아지는 '착한' 혹은 '순한' 강아지라는 표현이 절대적으로 적용되지 않는다. 아무리 조그마하고 순한 강아지라도 아기와 단둘이 놔두지 않는 이유다.

이런 이유에서 우리는 강아지가 싫어하는 행동을 하게끔 교육시킬 필요가 있다. 예를 들어, 강아지는 보통 입을 잡는 것을 싫어한다. 하지만 병원에 갔을 때나 입마개를 해야 할 때 등 입이 답답한 순간이 필요한 때도 생기게 된다. 이것은 훈련을 통해 극복되는데, 강아지가 처음에 싫어했던 행동을 자연스레 느끼게끔 반복 교육시키는 것이다. 강아지가 카밍 시그널로 입술을 할짝거리며 훈련이 싫다고 표현해도, 다른 강아지가 좋아하는 요소로 주의를 끌어서 '입을 답답하게 해도 자연스럽게 느끼는 훈련'을 할 수 있으며 이는 사람과 어울려 사는 데 꼭 필요한 요소다.

강아지가 카밍 시그널을 한다고 해서 이런 행동은 무조건적으로 하지 말아야 한다던가, 훈련은 해야 한다며 강압적으로 진행하기보다는 강아지의 시그널을 이해하며 호흡을 맞추어 상황에 맞게 진행해야 한다. 다음 페이지에서는 강아지의 문제 행동에는 이유가 있다는 내용이 나오는데, 강아지를 이해할 때 가장 중요하게 기억해야 할 부분은 강아지가 깨면 안 되는 절대적인 규칙이 존재한다는 것이다. 강아지와 함께 살 때에는 무엇보다 안전이 가장 중요하다. 강아지가 거부하는 행위나 싫어하는 대상이 있어도 우리는 공동체의 일부이기 때문에 강아지의 의사에 반하더라도 안전수칙을 따르는 것이 무엇보다 중요하다.

TIP -

카밍 시그널을 보내지 않는 경우

카밍 시그널을 보내지 않고 바로 공격적인 모습을 보이는 강아지가 있을 수 있어요. 야생의 본능이 많이 남아 있는 경우 공격하기 전의 전조가 거의 없어요. 이러한 모습은 늑대 같은 야생동물에게서 흔히 보이는 모습으로 진도, 시바, 스피츠 등의 토종견에게도 자주 보여요.

훈련사인 제 경험담에 의하면, 경고의 신호를 보낼 때 혼나거나 제지를 당한 경험이 있는 강아지들도 전조가 사라지는 경우가 있었어요. 예를 들자면, 예전에 유치원에 다니던 강아지가 공격성이 있었는데 물기 전에 다른 신호가 전혀 없어서 힘들었던 경험이 있어요. 이 강아지는 어려서 으르렁댔을 때 많이 혼났다고 해요.

인생은 새옹지마 라는 말이 있다. 새옹지마는 직역하자면 '변방 노인의 말'이라는 한자성어다. 여기에는 어느 노인의 이야기가 전해져 내려온다.

변방에 살던 노인은 말을 기르고 있었다. 말의 가격은 지금도 비싸지만, 당시 말은 재산에 큰 역할을 했고, 주요 이동수단이 되기도 하던 큰 보물이었다. 말을 잃어버리게 되면 그 가족의 거의 모든 것을 잃는 것과 마찬가지였는데, 어느 날 노인이 기르던 말이 집에서 뛰쳐나가 사라지게 된다. 마을 사람들이 이를 보고 혀를 끌끌 차자, 노인은 "이 일이 복이 될지 누가 아나요?"라고 말하며 대수롭지 않게 사건을 넘겼다. 당연히 사람들은 노인이 이상하다고 수군거렸다.

얼마 후, 가출했던 말이 노인에게 돌아왔다. 노인 역시 예상하지 못했던 일이었다. 더 놀라운 것은 야생에서 지내던 다른 말을 데리고 함께 돌아왔기에 노인은 하루아침에 큰 부자가 될 수 있었다. 동네 사람들은 경사가 났다며 축하하자고 하였지만, 노인은 오히려 무덤 덤하게 "이 일이 재앙이 될 수도 있지요"라고 말했다.

노인에게 새로 생긴 말 중 가장 빠르고 튼튼한 말을 노인의 아들이 타고 다니게 되었다. 그런데 아들이 말타기 연습을 하던 중, 말에서 넘어져 다리를 다치는 일이 생겼다. 이 일로 아들은 평생 절름발이로 살게 되었고 동네 사람들은 또다시 불행한 일이 생겼다며 수군거렸다. 노인은 이전과 같이, "이 일이 복이 될지 누가 알겠습니까?"라며 덤덤한 태도를 이어갔다.

노인이 살던 시절은 전쟁이 많이 일어나던 때였다. 어느 날, 전쟁이 벌어져 병력으로 동원될 수 있는 동네의 젊은 남자 모두가 징집되었다. 아들은 절름발이였기에 징집의 대상이 되지 않았다. 전쟁에 동원되었던 남자 대부분은 사망하였고, 전쟁이 끝난 후 징집되었던 사람들도 불구의 상처를 안고 집으로 돌아왔다. 마을 사람들은 노인의 이야기를 기억하며, 노인이 왜 덤덤할 수 있었는지 비로소 이해할 수 있었다고 한다. 이 일화로 인생은 '새옹지마'라는 말이 생겼다.

삶을 살면서 우리는 자주 '나는 행복한 걸까?'라는 생각을 한다. 행복하게 사는 방법은 멀고도 가깝게 느껴진다. 사업에서 성공하려면, 어떤 일이든 긍정적으로 바라보라는 말이 있다. 노인이 기르던 말이 가출했을 때, 노인 아들이 말에서 떨어져 다리를 다쳤을 때 모두 슬픔에 젖어 있지 않고 상황이 줄 수 있는 반전을 생각하는 것이다.

하지만 우리는 강아지가 내가 아끼는 물건을 물어뜯었을 때, 컴퓨터에 쉬를 했을 때 등의 상황이 생기면 침착하게 '이 일이 나에게 긍정적인 영향을 끼칠 수 있어'라고 생각하기 어렵다. 또, 대부분의 경우 긍정적인 일이 생기기보다는 강아지가 친 사고를 수습해야 함에 있어 내 몸이 귀찮아질 뿐이라 생각하곤 한다. 그래서 우리는 강아지에게 화를 낼 상황이나 강아지에게 안 된다고 말을 하는 상황을 만들지 않는 것에 주의를 기울여야 한다. 강아지와 같이 행복하게 살기 위해선 부정적인 상황을 긍정화하거나 부정적인 상황을 없애거나 이 둘 중 하나이기 때문이다. 그러나 강아지가 집에서 종종 치는 사고를 매번 긍정적으로 받아들이기란 어렵기 때문에 우리는 부정적인 상황 자체가 생기지 않게 하는 차원으로 접근해보자.

부정적인 상황이란 무엇일까? 강아지에게 짖지 말라, 움직이지 말라, 용변을 정해진 곳에 보라는 등, 강아지에게 행동의 제약을 걸었을 때 강아지가 내 의도나 명령대로 행동하지 않는 상황이다. 강아지가 하면 안 되는 행동을 지적하는 대신 잘했을 때 칭찬해주고 산책을 자주 나가서 실외 배변을 하도록 유도해주면 강아지 역시 자연스럽게 우리가 의도했던 대로 행동하면서 보호자와의 시간을 보다

즐겁게 느낄 것이다.

가끔씩, 우리가 아무리 노력해도 강아지가 우리의 예상대로 움직여주지 않을 때가 있다. 배변을 잘하던 아이가 용변 실수를 할 때 같은 경우이다. 이런 경우 기존 배변 장소가 더럽다는 등, 강아지가 메시지를 전하기 위해 일부러 그러는 것일 수 있으니 상황을 종합적으로 살펴보는 것이 좋다.

롤로의 일화가 있다. 최근에 새로 이사 간 곳에는 강아지들이 많은 편인데, 그중 롤로를 꽤 무서워하는 강아지도 종종 있다. 그들 입장에서 봤을 때 롤로는 자기들과 몸무게가 비슷하거나 오히려 더 많이 나가기에 덩치가 크고, 몸은 까맣고 입이 큰 롤로가 자연스레 무섭다고 여겨질 수 있다. 또, 집 주변에는 강아지가 많지 않고, 있어도 7킬로 미만의 소형견이 대부분이기 때문에 롤로의 낯선 모습에 더 두려움을 느끼는 것 같다.

동네 아이들과 같이 어울려 놀 수는 없어도, 외관상으로 무서움을 덜어주기 위해 어떤 일을 할 수 있을까 고민을 했다. '옷을 입혀보는 건 어떨까?' 그런데 롤로에게 옷을 입혀보니 무서워하는 강아지들이 확연히 줄어들었다. 오히려 롤로를 귀여워해주는 강아지도 생겨났다. 그들과 잘 지낼 수 있을 것 같아 만족하며 매일 옷을 입고 산책을 시작했다.

그 무렵, 롤로에게 산책을 가자고 말하면 자연스레 옷을 가지고 오는 것을 알게 됐다. '산책'이라는 행위는 롤로에게 있어 꼭 필요하고 행복감을 주는 것이기 때문에 이 단어를 사용하면 롤로도 유독 협조를 잘한다. 평소에 "산책 가자!"라고 하면 좋아하면서 옷을 잘 가지고 오는데, 가지고 온 후에는 말 안 듣는 어린아이처럼 꼭 안 입으려고 깡총거리는 이상한 행동을 한다. 롤로한테 옷을 건네받으면, 롤로는 나를 보며 한 걸음 물러난 상태로 옷을 이리저리 피하며 뛰어다니는 것이다. 나는 말 안 듣는 어린아이 같은 롤로를 보며 도저히 이해할 수 없다는 생각을 했다.

뒤늦게 깨달았는데, 롤로가 이런 행동을 보였던 이유는 옷의 겨드랑이 부분이 끼여 답답함을 느꼈기 때문이었다. 게다가 자세히 보니 겨드랑이 부분이 까져 있었는데, 좋아하는 산책을 가자면서 오히려 상처를 입게 했다는 자책감이 들었다. 롤로는 18kg으로, 덩치가 큰 편인데 오프라인 마켓에 가면 대부분 최대 9kg까지의 강아지옷만 나와 있고, 특히 큰 강아지용 옷 중 여름용 옷은 찾기가 어렵다. 왜냐하면 보통 강아지가 옷을 입어야 하는 이유는 추위를 피하기 위함인데, 여름에는 그 필요성이 사라지기 때문이다. 이런 상황에서 그나마 롤로가 입을 수 있는 매쉬 원단의 작은 옷을 입혔더니 이런 참사가 발생한 것이다. 아직까지는 롤로의 귀여운 여름용 옷을 찾지 못했기에, 여름철에는 사람이 없는 시간대와 장소를 선택해서 산책을 하곤 한다.

잘 이해하는 명령어 '산책 줄 가지고 와'의 경우도 위와 비슷하다. 산책이라는 말은 기가 막히게 알아듣는 롤로가 가끔 산책이라는 말을 못 알아듣는 날이 있다. 이런 날은 산책 줄 쪽으로 갔다가, 다시 돌아와서 아무것도 모른다는 표정으로 나를 바라본다. 이것 역시 이유를 알고 보니 롤로가 못 알아듣는 게 아니었다. 산책 줄 쪽으로 가보면 줄이 어느 밑에 깔려 있어 빼기 힘든 경우였기에 그냥 돌아와 나한테 빼달라고 요청하는 경우거나, 하네스가 비에 젖어 있어서 입기 싫었던 경우였던 것이다.

특히 하네스Harness가 젖어 있을 때는 아예 하네스를 찾는 시늉도 안 하고 귀가 안 들리는 것처럼 우뚝 서서 나만 바라보고 있었다. 내 보채기의 가장 상위 단계인 박수치며 말하기를 해도 롤로는 꿈쩍하지 않았다. 롤로는 시끄러운 것을 싫어하기 때문에 이 스킬을 쓰면 평소에는 말을 잘 듣는 편이다. 결국 내가 하네스 쪽으로 이동해서, 하네스를 집어 들어 보면서 의문이 풀렸다. 전날 비가 왔었기에 축축한 상태였기 때문이다. 새삼 롤로가 나보다 기억력이 좋은 것은 아닌지 생각해봤다.

종합해보면 중요한 것은 강아지에게 나 스스로가 화낼 만한 상황을 만들지 말라는 것이다. 강아지가 사람들을 좋아하게 되면 사람들을 향해 짖는 것이 줄어들 것이고, 실외 배변을 하다 보면 집에서 배변 실수를 하지 않을 것이다. 더 나아가, 강아지가 내가 이해할 수 없는 행동을 하면 그에 상응하는 이유가 있기 때문이고, 알고 보면 화를 낼 필요 없는 경우가 대부분인 것이다.

강아지를 혼내는 데 있어 예외가 있다. 바로 안전에 관련된 상황이다. 어린 강아지가 입을 계속 움직이는 것을 보며, '이빨이 간지러워 그러는군'이라며 이를 방치한다면, 사람을 물 수 있는 개로 자랄 가능성이 높다. 무조건적인 이해를 해주기보다는 깜짝 놀라거나 아프다는 표시를 해 그 행동을 저지하고, 대신 물 수 있는 장난감이나 간식을 제공하는 것이 현명하다.

이렇게 강아지가 자연스레 어느 행동을 하도록 유도하다 보면, 어느새 내 말을 잘 듣는 예쁜 강아지로 자라 있을 것이다. 다만, 위 사례처럼 강아지가 평소에 잘 행동을 하다가 갑자기 말을 못 알아듣거나 반항하는 경우에도 분명 이유는 있다. 이는 강아지가 갑자기 멍청해진 것이 아니다. 나에게 나쁜 의도로 행동하는 것도 아니다. 다만 강아지에게 피치 못할 이유가 있기 때문인 것이기에 이를 잘 파악하려는 노력이 필요하다.

# 사고를 예방하는 법

강아지는 꽤 기억력이 좋다. 롤로 앞에서 먹을 것을 숨겨두고, 산책을 다녀오면 롤로는 집에 도착하자마자 먹을 것을 숨겨두었던 쪽으로 간다. 롤로가 어린 강아지였을 때 한 번 봤던 내 친구들을 나이도 먹고 많이 변했을 텐데도 오랜 시간이 지나 다시 봤을 때 그들을 기억하고 반가워했다. 이런 이유로 강아지에게 나쁜 기억이 생기지 않게 예방 하는 것이 나쁜 일이 생긴 이후에 대응하는 것보다 훨씬 중요하다. 한 번 나쁘게 기억된 것은 강렬하기에 각인될 가능성이 높고, 그것은 트라우마가 되어 강아지의 일생을 졸졸 따라다닌다. 이를 치료하려면 너무나 많은 노력이 필요하기 때문에 이를 먼저 예방하는 게 중요한 것이다.

첫 번째 단계는 강아지에게 좋은 기억을 심어주는 것이다. 그 대표적인 예로, 이름은 칭찬할 때만 부르는 것이 있다. 강아지가 잘못했을 때 무서운 어투로 강아지를 부르게 된다면, 자기의 이름에 점점 반응을 하지 않게 될 것이다. 반응하지 않는 것은 강아지가 싫다는 표현을 하거나, 무서워하는 것인데 둘 다 강아지에게 좋은 기억으로 남지 않을 것이다.

자기 이름 부르기에 좋은 기억을 심어주어 밖에서도 부르면 바로 달려오는 강아지, 콜백이 되는 강아지로 성장할 수 있게 독려해줘야 한다. 특히 산책할 때 강아지 이름을 부르며 간식을 주는 훈련을 몇 번 한다면 밖에서 불렀을 때도 잘 돌아오게 된다. 또, 굳이 이름을 부르지 않았을 때에도 외부 여러 자극을 이기고 보호자에게 집중하는 훈련이 겸사겸사 될 수 있다. 이렇게 보호자가 강아지를 호출할 때 응답이 빠르다면 강아지와 외출하기 훨씬 수월하고 사고가 생길 가능성도 줄어들게 된다.

두 번째 딘게는 강아시의 활동량을 채워주는 것이다. 특히나 활동성이 많은 강아지 종류가 있다. 특정 종의 경우 에너지가 사람이 감당하기 힘들 정도로 넘쳐나서, 악마견이라는 명칭이 붙기도 할 정도이다. 여담이지만 보더콜리의 경우 그들이 가진 강철 체력(!)에 비해 아직까진 악명(?)을 떨치지 않고 있다. 보더콜리와 같이 공 던지기 놀이를 해본 적이 있는데, 몇 시간 동안 공을 던져줘도 똑같은 활발함과 미소로 뛰어와서 또 던져달라며 엉덩이를 뒤로 쭉 빼고 꼬리를 흔든다. 점점 지쳐가던 나는 마치 공 던지는 기계가 된 것 같다는 생각을 했다. 활동력이 매우 강한 종의 경우 도시에 사는 사람이 아무리 자주 강아지 놀이터에 간다고 해도, 보더콜리는 끊임없이 부족함을 느낄 가능성이 높으니 꼭 다른 사람의 보더콜리랑 몇 차례 놀아줘 본 후 입양을 결정했으면 좋겠다. 아래의 리스트에 해당하는 강아지는 활동량이 특히 많은 견종의 예시니, 입양 전이라면 꼭 참고하기를 바란다.

활동성이 강한 강아지가 산책이나 씹는 행위가 부족하다고 느껴지면, 집에서 소위 내가 싫어하는 행동을 할 확률이 크기 때문이다. 활동량을 미리미리 채워서 강아지가 사고 칠 수 있는 가능성을 줄이는 게 핵심이다.

활동성이 강한 강아지

견종	표기
보더콜리	Border Collie
세틀랜드 쉽독	Shetland Sheepdog
벨지안 셰퍼드	Belgian shepherd
펨브로크 웰시 코기	Pembroke Welchi Corgi
오스트레일리안 켈피	Australian Kelpie
콜리	Collie
보스롱	Beauceron
푸미	Pumi
저먼 셰퍼드	German Shepherd

내 강아지는 도시에 삽니다

그린란드견	Greenland Dog
알래스칸 맬러뮤트	Alaskan Malamute
바센지	Basenji
비즐라	Vizsla
컬리 코티드 리트리버	Curly Coated Retriever
아이리시 세터	Irish Setter
아이리시 워터 스패니얼	Irish Water Spaniel
잉글리시 스프링거 스패니얼	English Springer Spaniel
불 테리어	Bull Terrier
스태퍼드셔 불 테리어	Staffordshire Bull Terrier
슈나우저	Schnauzer
에어데일 테리어	Airedale Terrier
잭 러셀 테리어	Jack Russell Terrier
달마시안	Dalmatian
제주개	Jeju Dog
진돗개	Jindo Dog
풍산개	Pungsan Dog
복서	Boxer
도베르만 핀셔	Doberman Pinscher
아이슬란딕 쉽독	Icelandic Sheepdog
잉글리시 폭스하운드	English Foxhound
해리어	Harrier
플랫 코티드 리트리버	Flat Coated Retriever
아메리칸 코커 스패니얼	American Cocker Spaniel
브리트니	Brittany
웰시 스프링어 스패니얼	Welsh Springer Spaniel
잉글리시 코커 스패니얼	English Cocker Spaniel
폭스 테리어	Fox Terrier
웨스트 하일랜드 화이트 테리어	West Highland White Terrier

티베탄 테리어	Tibetan Terrier
도사견	土佐犬
시바이누	Shiba Inu
아키타 견	秋田犬
동경이	東京이
미니어처 핀셔	Miniature Pinscher
포메라니안	Pomeranian
오스트레일리안 실키 테리어	Australian Silky Terrier

언급된 종 외, 덩치가 큰 강아지의 경우 집을 벗어나 활동량을 채워주는 것이 필요하다. 집이 아무리 크더라도 중형 이상의 강아지가 하루에 써야 할 에너지를 소비하기에는 장소가 한정되어 있기 때문이다. 또, 위에 언급된 견종이나 중형 이상 강아지가 아니더라도, 강아지의 타고난 기질에 따라 고갈되는 에너지의 양이 다르기에 확정적으로 답을 내릴 수는 없음을 주지하고 강아지를 유심히 관찰하여 활동량을 체크하면 좋다.

산책 외로 활동량을 소모시킬 수 있는 방법은 머리를 쓰게 하는 것 등 여러 방법이 있지만, 즉각적인 방법은 물어뜯는 것을 제공하는 것이다. 나의 경우, 롤로가 건드리면 안 되는 것에 대해서는 깜짝 놀라는 연기를 한다. 롤로가 내 물건을 건드리면 당황하는 모습을 보여주었다. 대신, 롤로의 물건은 모자라지 않게 공급해줘 물고 씹고 싶어 하는 본성을 충족시켜 주었다. 이 결과, 롤로를 처음 데리고 왔을 때 가장 많이 했던 걱정인 전선을 물어뜯는 행위는 단 한 번도 하지 않았다. 내가 평소보다 오래 외출했을 경우 신발을 물어뜯었던 적은 있다. 내 신발을 건드리는 행위를 하는 즉시 롤로에게 놀라는 척을 했더니 내가 싫어하는 행위라고 이해를 한 듯, 신발 물어뜯는 행위가 줄더니 이제는 아예 건드리지를 않는다.

나는 강아지 훈련용으로 작게 잘라져서 나온 간식과 물고 뜯기용 간식으로 용도를 구분한다. 아래는 18kg 롤로 기준, 강아지가 마음껏 씹을 수 있는 딱딱한 간식을 정리해보았다. 절대적이진 않지만 크게 봤을 때, 윗부분이 비교적 무르고 아래 예시에 나온 간식이 더 딱딱한 경향이 있다. 참고로 강아지의 몸 크기에 따라 수용할 수 있는 간식이 있으므로 작은 강아지에게 너무 딱딱한 간식을 주는 것은 조심해야 한다.

간식 예시

오리 목뼈 바스락거리며 씹히는 질감이 좋은가 보다. 잘 먹는다. 브랜드마다 가격대와 퀄리티가 확실히 다르다. 쿠키처럼 부서지고 나중에도 좀더 쉽게 부서지는 것이 있다.

덴탈 껌 조그마한 것을 하나 씹다가 퉤 뱉는다.

돼지 등뼈 얼어 있는 것을 전자레인지에 데워서 살짝 익힌 것을 찬물에

씻어 뜨겁지 않게 주면 눈물을 흘리며 먹는다. 30분 내로 먹을 수 있지만 오리뼈보다는 먹는 데 시간이 더 걸린다.

상어 연골 딱딱하지만 양이 적어 돼지 등뼈보다 빨리 먹는다.

돼지 족발 처음에는 좋아하면서 먹다가 나중에는 안 먹는다.

사슴 정강이뼈 껍질을 뜯어 먹었다. 나머지는 안 먹는다. 사슴 뼈가 딱딱한 간식의 대명사라고 해서 기대를 했지만 실패였다.

사슴 발굽 깨물지도 않아서 잘 모르겠다.

소뿔 롤로가 선호하는 간식은 아니지만 집에 놔두면 롤로가 배고플 때 가끔씩 깨 먹는다. 많이 먹으면 집에 소뿔 냄새가 진동하는데 썩 유쾌한 냄새는 아니다. 가끔 날카롭게 부서진 소뿔 조각이 생길 수도 있는데, 롤로 입에 상처를 내기도 하는 것 같다. 딱딱한 간식 중 가장 오래간다.

장난감의 경우 롤로 이빨이 튼튼하다 보니 몇 분 만에 해체가 된다. 그래서 점점 더 뜯기 어렵고 튼튼한, 그렇지만 부드러운 재질로 만들어진 장난감을 찾아다니게 되었다. 이런 장난감은 자주 볼 수 있는 것이 아니기 때문에 한 번 발견하면 다섯 개씩 사서 쟁여놓는 버릇이 생겼다.

여느 때처럼 주문했던 인형을 받았던 날이다. 롤로가 소포를 뜯는 것을 봐버렸는데, 상자 안에 다섯 개의 똑같이 생긴 인형이 들어 있는 것을 발견해버렸다. 왠지 강아지 동심을 파괴한 것 같은 느낌이 들어, 이번에는 예외적으로 다섯 개의 인형을 한 번에 롤로에게 주었다. 마치 저글링을 하는 듯이, 제 세상이 펼쳐진 것마냥 신나서 이리 뛰고 저리 뛰고, 저기 가서 인형을 던지고 또 다른 곳으로 가서 인형을 던지는 롤로를 볼 수 있었다. 롤로는 참 예쁘게도(?) 며칠에 한 인형씩 천천히 해체해주었는데, 10여 일쯤 지나자 인형에 둘러싸여 가끔 현타가 온 얼굴도 했다. 인형을 베개 삼아 누워 있는 모습도 보였다. 뜯어도 되는 물건이 과하게 많으니 오히려 의연해지는 롤로였다.

강아지 장난감 중, 롤로가 마음먹고 뜯으면 인형은 10분 거리도 안 된다. 실타래의 경우 더 오래 물고 놀 수 있지만 삑삑 소리가 나는 장치 등이 없기에 롤로가 재미있어하는 대상은 아니다. 인형은 가성비가 좋지 않고, 실타래는 롤로의 흥미가 떨어진다. 지출 없이 물고 뜯을 수 있는 장난감은 산책하다 발견하는 나뭇가지와 다 쓴 휴지의 심 정도가 있는데 자주 애용하고 있다.

강아지도, 아이도 동반 가능한 서점

책이 좋아 책방을 하게 된 사람들은 자기만의 고집이 있는 경우가 많다. 돈이 잘 벌리지 않는 직업임을 분명 알면서도 하고 싶은 일을 묵묵히 하겠다고 나선 사람이 대부분이기 때문이다.

책이 많은 공간에 강아지가 지나다니면, 판매해야 하는 책이 금방 더러워져서 팔지도, 반품하지도 못하는 난감한 상황이 많이 올 수 있다. 조용해야 하는 공간에 멍멍 짖으며 사람들의 휴식을 방해할 가능성도 있다. 자유와 연대, 공존을 추구하는 성향이 강한 독립책방 중에서도 반려동물이 동반 가능한 곳이 많지 않은 이유다. (물론 다른 공간에 비해서 강아지 동반이 가능할 확률은 더 높은 편이다.)

한 독립책방에 강아지 롤로랑 같이 방문했을 때 어린이들이 있었는데, 강아지를 좋아하고 롤로도 조용히 잘 있어서 편하게 있다가 올 수 있었다. 보통 강아지 동반 장소의 경우, 리드 줄을 꼭 하고 내 자리 근처에만 있게 허용하는데 여기는 롤로 리드 줄을 풀어도 될 것 같다고 선뜻 제시해주셔서 깜짝 놀랐다.

강아지 동반 공간에서 처음으로 리드 줄 없이 있었던 롤로. 여기저기 사람들한테 가서 예쁨을 듬뿍 받고 올 수 있었다. 내 자리 밑에 롤로가 가만히 앉아 있기만 하면, 사람들은 롤로와 친해지고 싶어도 선뜻 다가오기 힘들어한다. 이번에는 롤로가 자유롭게 움직일 수 있었기에 방문자들이 자유롭게 롤로와 인사하고 친해질 수 있었다. 롤로가 예쁨받으니 내가 더 행복한 기분이었다. 강아지와 함께 콕 박혀 있을 수 있는 구석들도 꽤 많아서 여기는 내가 꿈에 그리던, 강아지와 함께 문화생활을 할 수 있는 곳 같다는 생각이 들었다.

책방을 둘러보면서 놀랐던 게 책 비닐 포장이 되어 있지 않았는데 대신 '구매 후 읽어주세요' 문구 스티커로, 최소한의 쓰레기가 발생하는 것으로 책을 보호하고 계셨던 점이다. 하얀 책의 경우 비닐포장을 하는 모습을 보다가 이런 신세계를 접하니 참 신기하고 좋아보였다. 또, 음료 받침으로 나무 코스터와 소창 손수건이 같이 제공된 걸 보고 '아, 이분은 진짜다'라는 생각이 들었다. 플라스틱을 최소로 쓰고 싶어서 나도 소창을 산 적이 있는데, 빨아 쓰는 게 정말 번거로워서 한동안 쓰다가 안 썼던 기억이 있기 때문이다. 내 개인의 몸뚱이도 소창을 쓰려면 참 힘든데 가게 운영에 적용하려면 얼마나 힘들지 상상이 안 간다.

이렇게 따뜻한 공간을 운영하는 책방지기님과 짧게나마 인터뷰를 할 수 있었다.

Q. 개와 동반 가능한 책방! 책이 모여 있는 곳에 개의 출입을 허용하기 쉽지 않으셨을 텐데, 어떻게 출입할 수 있게 하셨나요?

우선 '책이 있는 곳에 개가 있으면 안 되겠다'라는 생각을 한 적이 없습니다. (웃음) 아마 어린 시절부터 계속 개를 키워서 그런지 일상으로 받아들여 오히려 그런 점을 생각지 못한 걸 수도 있겠네요.

말씀드렸듯이 계속 개를 키워왔고 현재도 8살 비글 '뽀'를 키우고 있어서 저부터가 개를 좋아하고 불편하지 않았어요. 더군다나 요즘은 개의 교육을 중요하게 생각해서 그런지 위험한 개들은 애초에 이런 곳에 데려오지 않으시는 것 같습니다. 저의 책방에 왔던 개 중에서는 큰 개도 많았는데 모두 작은 개보다 훨씬 얌전하고 예절 있는, 잘 배운 아이들이었어요.

Q. 책방에 오시는 방문객들은 어떤 반응을 보이시나요?

개 출입 허용을 반기시는 경우가 많습니다. 주인분들은 본인의 개가 다른 분들에게 예쁨받는 것을 좋아하시더라고요.

Q. 혹시 불편하게 여기는 분들도 계셨나요? 혹은 생각지 못했던 애로사항이 있으셨을까요?

대부분 젊은 층이 오시는데, 지금까지는 다행히도 개를 귀여워하시는 분들만 만나서 문제가 생긴 적은 없었어요.

안타깝게도 이 인터뷰를 끝낸 몇 달 후, 책방은 소리소문없이 문을 닫았다. 이유는 묻지 못했다. 비슷한 시기에 두 곳의 강아지 동반 카페에서 동반을 더 이상 할 수 없다는 소식을 듣게 되었다. 아직 사람을 위한 카페는 운영 중이었기에 찾아가서 이유를 물을 수 있었다. 한 곳은 단순 계약 만료로 인한 사정 때문이라고 했다. 원래는 강아지가 뛰어놀 수 있는 넓은 옥탑이었고, 사용자들은 매너가 좋은 분들이 많아서 계약 연장을 하고 싶었지만 연장에 실패했다고 했다. 다른 한 곳은 개에 물림 사고가 발생해 생각보다 위험 부담이 많다는 것을 인지하고서 뒤늦게 강아지 동반을 중단했다고 했다.

CHAPTER 2

___

강아지라는 세계

이 정도면 도시 강아지 경험치 만렙

우리는 어렸을 때 많은 것을 경험해보라는 소리를 많이 듣는다. 필자 역시 이런 조언을 들으며 자랐고, 후에 과거를 돌아보며 후회하지 않도록 최대한 다양한 경험을 하며 살았던 것 같다.

대부분의 강아지 훈련사들은 말한다. 밖에 많이 나갈수록 사회성에 도움이 된다고. 외출을 하면 강아지는 매번 여러 냄새, 촉감 등을 포함한 자극에 노출된다. 반복적으로 새로운 것을 경험하다 보면, 강아지는 새로운 대상에 대한 예민한 감각이 점차 둔해진다. 여기서 중요한 점이 나온다. 바로 '둔감화'다. 둔감화 교육이라는 단어로 교육 체계를 만드는 사람도 있을 정도로 둔감화는 강아지에게 있어 중요한 포인트다. 예를 들어, 미용을 해야 하는데 강아지가 가위질이나 이발기 소리를 예민하게 받아들인다면 미용사는 물론이고 강아지

자신조차도 몸부림치다가 다칠 위험이 있다. 귀가 예민한 강아지에게 이발기 소리가 더 이상 거슬리지 않고, 반짝거리고 날카로운 가위가 위협적으로 느껴지지 않는다면, 미용을 안정적으로 보다 안전한 환경에서 진행할 수 있다.

자동차 경적 울리는 소리, 청소기 소리, 초인종 소리, 천둥 번개 치는 소리 등 다양한 소리를 들려주는 것도 둔감화에 도움이 된다. 갑작스럽고 큰 소리를 특히 반복적으로 듣게 된다면 강아지는 깜짝 놀라거나 무서움에 화를 낼 수도 있다. 롤로도 천둥소리를 처음 들었을 때는 집 안의 안전한 공간에 있었음에도 불구하고 무서워하며 책상 밑으로 숨어 들어갔다. 두려움이 강해질 경우 강아지는 자신을 보호하기 위해 짖을 수 있는데, 문제는 여기서 발생한다. 우리는 대부분 도시에 살며 이웃과 붙어 살기에 강아지 짖는 소리는 옆에서 나는 소리처럼 또렷이 들린다. 강아지에게 조용히 하라고 소리치면 강아지는 덩달아 더 크게 짖는다. 언성이 높아지는 이유는 강아지가 짖는 근본 원인이 해결되지 않아서다. 강아지가 낯선 자극을 두려워하지 않으면, 집이 강아지로 인해 시끄러울 이유는 없게 될 것이다.

물놀이도 자주 경험을 해야 익숙해지는 행위 중 하나다. 태생적으로 물을 좋아하는 강아지가 있다고는 하지만, 보통의 강아지는 물에 대한 좋은 기억이 선행되어야 나중에 수영도 할 수 있다. 수영을 할 수 있는 강아지는 사람과 즐길 수 있는 놀이가 한 가지 더 생긴다.

뿐만 아니라, 강아지가 수영에 뛰어난 능력을 보인다면 해상구조견 등으로 진로를 선택할 수 있기에 삶에서의 선택권이 늘어날 수 있다.

요즘에는 강아지 장난감도 여러 재질을 적용한 것이 출시된다. 보통은 면 인형이 많았지만, 지금은 방수 재질의 인형, 인형 속에 비닐이 들어 있는 인형, 털이 달린 인형, 가죽이 들어 있는 인형 등 다채롭게 강아지의 씹는 감각을 채워준다. 소리 역시 다양해졌는데, 인형을 누르면 기본적으로 났던 삑삑 소리가 여러 형태로 나뉘어 꿀꿀 거리는 소리, 그르륵대는 소리, 꽉꽉 대는 소리 등 온갖 새로운 소리의 형태로도 나온다.

강아지는 산책 외에 다양한 종류의 장난감, 간식, 놀이 활동을 통해 새로운 경험을 할 수 있다. 다만 우리나라에서는 예방 접종을 몇 차까지 마친 강아지와 같이 산책하기를 권장하고 있고, 간식이나 장난감도 생후 몇 개월 이후에 주라는 것이 많다. 따라서 아주 어린 강아지의 경우 사회화시킬 수 있는 활동이 다소 제약이 되는 편이다. 어린 강아지에게는 사회화 경험이 아주 중요한 자산이 된다.

사람이 어릴 때는 '방년'이라는 단어를 쓰며 꽃다운 나이 등으로 가볍게 부르지만, 40세에 이르면 '불혹'이라 부른다. 이는 사물의 이치를 터득하고 세상의 일에 흔들리지 않을 나이라는 뜻인데, 나쁘게 해석하면 자기만의 고집이 생기는 나이라는 말이기도 하다. 사람이든, 강아지든, 나이를 먹을수록 새로운 것을 받아들이는 유연성이 떨어지게 되고, 자신이 아는 친구나 범위 내에서 어울리는 것을 즐기게 된다. 따라서 강아지는 어린 나이일지라도 새로운 것을 많이 경험하여 최대한 많은 자극에 관대한 태도를 형성하게 해주는 것이 중요하다. 두려움은 모르는 것에서 시작하는데, 강아지가 어느 대상에 대해 두려워하기 시작하면 공격적인 행동으로 이어질 수 있게 되는 것이 가장 큰 이유다. 강아지의 덩치가 아무리 작아도 공격적인 모습은 다른 대상에게 위협이 될 수 있다.

나이에 상관없이 지금 당장 할 수 있는 활동을 소개한다면, 바로 동영상을 통한 새로운 소리를 들려주는 것이다. 인터넷에 '강아지 사회화 소리'를 검색하면 다양한 동영상이 나온다. 스피커를 이용해 처음에는 그 소리를 작게 들려주다가 강아지가 익숙해지면 조금씩 볼륨을 높이는 방법으로 갑작스러운 자극에 대해 둔감화를 시킬 수 있다.

또, 바크Bark라고 불리는 나뭇가지와 사료를 섞어서 '노즈 워크Nose Work'를 할 수도 있다. 노즈 워크는 강아지의 후각이 예민한 점을 이용해 코를 더 많이 사용하게 하는 놀이 활동이다. 사료와 바크는 비슷하게 생겨서 눈으로 구분하려면 자세히 관찰해야 하기 때문에, 강아지 입장에서는 코를 사용해 음식을 찾는 것이 더 손쉬운 것이다. 이 점을 이용해 후각으로 물건을 구분하는 놀이인 노즈 워크는 강아지만의 액티비티Activity 중 하나인 것이다.

비슷한 것 사이에서 음식을 찾는 노즈 워크 외에도, 신문지 등에 간식을 숨겨서 그 간식을 뜯어먹을 수 있게 하는 노즈 워크도 있다. 강아지가 뜯어도 되는 물건 안이나 밑에 음식을 숨긴 후, 강아지가 찾을 수 있도록 유도하는 놀이다. 이 과정을 통해 강아지는 여러 촉감을 가진 물건을 씹고 물어보는 경험을 할 수 있다.

사회화가 낮게 측정된 견종

견종	표기
그린란드견	Greenland Dog
잭 러셀 테리어	Jack Russell Terrier
핏불 테리어	Pitbull Terrier
스코티시 테리어	Scottish Terrier
벨지안 셰퍼드	Belgian shepherd
불 테리어	Bull Terrier

위 리스트는 사회화 점수가 낮게 측정된 견종이다. 유년기에 세심한 사회화 교육이 필요할 수 있다는 관점에서 나열해보았다. 사실 어느 개든 무는 힘이 세서, 한 번의 입질이 누군가에게는 아물지 않는 마음의 상처로 남을 수 있다. 개에게 병이 있는 경우 물린 대상은 죽음으로 내몰릴 수도 있다. 이렇게 개는 사람이나 다른 생명체에게 위협적으로 다가올 수 있으므로 다른 생명체와 잘 어울리는 견종일지라도 사회화에 많은 노력을 기울여야 한다.

강아지는 왜 산책을 좋아하는 걸까?

산책은 사람에게 긍정적인 영향을 끼친다는 과학적인 연구 결과가
나왔다. 학술지 「생리 인류학 저널Journal of Physiological Anthropology」에 따르
면 산책은 스트레스 호르몬인 코르티솔Cortisol의 수치를 떨어뜨린다
고 한다. 캘리포니아주립대학은 산책을 하면 행복을 유발하는 물질
두 가지인 세로토닌과 엔도르핀이 분비되어 기분이 좋아진다고 한
다. 산책을 통해 스트레스 호르몬 수치가 줄어 스트레스가 줄어듦과
동시에 행복을 유발하는 호르몬이 분비되어 기분전환 효과까지 얻
을 수 있는 것이다. 산책은 여러 방면에서 우리에게 도움을 준다. 사
람은 걸을 때 고관절을 사용한다. 평소에 움직이지 않는 근육을 쓰면
서 해당 부위의 유연성과 기동성이 향상되는 효과가 있다. 또, 다리
근육 사용을 통한 근력 강화뿐만 아니라 올바른 자세로 걸으면 몸의

전반적인 균형 감각이 개선된다. 정신적으로나 육체적으로나 산책은 우리에게 이롭다. 위에 열거한 장점 외에도, 천천히 걸으며 생각 정리를 한다던가 창의적인 발상이 떠오르기도 한다. 샌프란시스코 대학교에서 진행한 연구 조사에 따르면 산책을 통해 기억력 저하를 방지할 수 있다고 한다. 미시간 약학대학의 연구에 따르면 50세에서 60세의 사람은 8년 안에 죽을 확률을 산책을 통해 35%까지 낮출 수 있다고 밝혔다. 더 나아가 세계는 매년 한가하고 느릿하게 걷는 산책의 날을 지정하기까지 했다.

강아지에게는 자다가도 벌떡 일어나 반응할 만큼 사랑하는 두 가지가 있다. 산책과 간식이다. 강아지에게 있어 느긋한 산책과 맛있는 간식은 대가 없는 사랑을 늘 표현해주는 보호자만큼이나 소중한 것이다.

앞서 열거한 산책의 장점은 강아지에게도 긍정적인 효과를 발휘한다. 사람은 보통 산책을 나가 아는 사람을 마주치지 않는 한, 다른 사람과 소통하지 않고 귀가하지만, 강아지는 온갖 자극에 반응하기 때문에 우리보다 산책에서 받는 영향이 더 크다. 대부분의 강아지는 산책하다가 마주치는 다른 강아지에게 반응을 보인다. 이때, 그 둘 간의 인터렉션이 중요하다. 짖고 위협적인 모습을 보이는 친구보다 반갑다며 서로의 냄새를 맡고 우호적인 태도를 보이는 친구를 많이 만나는 것이 중요하다. 이런 기억이 차곡차곡 쌓여야 다른 낯선 강아지에게도 너그러운 태도를 보일 수 있기 때문이다. 하지만 서로에게 우호적인 만남이 될 확률은 복불복이기 때문에 밖에 자주 나가야 마음이 맞는 친구들을 만날 확률이 높아진다. 결국, 산책을 자주 하는 것이 중요하다는 것이다.

이에 대한 전제가 있다. 사람끼리 싸우는 모습을 보이지 않는 것이다. 강아지는 보호자와 성격이 유사하게 형성된다. 보고 배우는 것이다. 어떤 훈련사에 따르면 산책하러 나갔다가 다른 사람과 싸우는 보호자를 본 강아지는 그 영향을 받아 다른 강아지나 사람에게 화를 낼 가능성이 높다고 한다.

대부분의 사람들은 산책하다 마주치는 사람들과 싸우는 경우가 거의 없다. 때문에 강아지를 데리고 밖에 나가기만 하면 강아지의 사회성 형성에 도움이 된다. 강아지는 산책을 통해 세상과 소통하는데, 사람이 그 소통의 방식을 잘못된 길로 인도하지 않는다면 강아지 스스로 여러 자극을 거치며 의젓한 태도를 형성할 수 있게 될 것이다. 이때, 사람들끼리 소통하는 모습이나 서로에게 우호적인 얼굴 표정을 하는 모습을 보며 직간접적으로 강아지의 사회성이 가속화될 수 있다. 결국 세상과 소통하는 사람의 모습은 강아지에게 좋은 자극을 주며, 강아지도 사람을 보고 배우게 되는 것이다.

필자는 길에서 강아지를 마주치면, 종종 보호자에게 인사해도 되냐고 묻곤 한다. 괜찮다는 답변이 오면 강아지끼리 냄새를 맡을 수 있도록 조금 더 가까이 간다. 강아지끼리 싸우지 않을까 유심히 살펴보면서 상대 보호자에게 강아지는 몇 살인지, 몸무게는 몇 킬로그램인지 등 묻기도 한다. 사람끼리 소통하는 모습을 보이면 강아지에게도 좋은 효과가 이어지는 것 같아 일방적으로 말을 걸기 시작했는데, 이제는 상대 강아지에 대해 궁금한 것이 생겨 물어보기도 한다. 우연히 마주친 누군가가 나중에 만나면 다시 반갑게 인사할 수 있는 대상이 되기도 한다. 좋은 강아지를 만난 날에는 내 마음도 왠지 모르게 따뜻해진다.

강아지끼리, 혹은 사람끼리 친해지기에는 개 놀이터만큼 좋은 공간이 없다. 모두 시간에 여유가 있어 방문했기에 이런저런 얘기를 나눠도 혹시 상대의 시간을 뺏을까 부담스럽지 않다. 강아지도 리드줄을 하지 않은 채 놀이터 곳곳을 돌아다닐 수 있어서 줄이 엉킬까, 강아지가 다리가 걸려 넘어지지 않을까 전전긍긍하지 않아도 된다.

어떨 때는 벤치에 앉아서 하염없이 여유를 가지기도 한다. 강아지에게 '외출한다고 해서 무작정 바쁘게 걸어 다닐 필요는 없다'는 메시지를 주기 위해 가끔씩 앉아서 멍 때리는 버릇이 생겼다. 이럴 때면 롤로도 내 옆에 가만히 앉아서 나를 등지고 세상을 바라본다. 서로 같은 방향을 바라보며 앉아 있는 모습 자체가 사랑스럽게 느껴진다. 평소에 일을 만들어서 하는 성격의 필자이기에 나 혼자였으면 절대 산책을 안 다녔을 것이고, 벤치에 앉아서 쉬는 일은 더

더욱 없었을 것이다. 롤로에게 여러 메시지를 전달하기 위해 시작했던 벤치에서의 휴식이 나에게도 일터에서 벗어나 잠시 동안의 쉬는 시간을 주게 되었다. 산책을 하면 강아지나 나에게나 마음의 평화가 찾아온다.

강아지에게 천국을 선사해주려면 두 가지가 있으면 된다. 산책과 간식. 필자는 이 두 조합을 천국 조합이라고 부른다. 간식은 걸어다니면서 줘도 좋고, 쉴 때 줘도 좋다. 잔디가 올라와 있는 땅 여기저기에 흩뿌려놓으면 최고의 노즈 워크 장소가 된다. 강아지에게 간식은 언제나 옳다. 다만 강하게 음식에 집착하는 성향을 타고 태어나는 견종이 있을 수 있는데, 이런 경우 다른 강아지와 함께 간식을 먹게하는 것만으로도 전쟁을 야기할 수 있으니 주의해야 한다.

산책하는 시간이 줄어들면, 강아지는 큰 영향을 받는다. 코로나 여파로 개 운동장이 문을 닫았던 기간이 있다. 외출을 자제해야 하는 시기가 시작되며 롤로도 줄이 풀린 채 마음껏 뛸 수 있는 시간이 반으로 줄었다. 사람이 없는 시간에 매일 두 번씩 산책을 했는데, 평소보다 마음껏 놀지 못해서인지, 마주치는 강아지가 줄어들어서인지, 답답해하는 롤로가 한눈에 보였다. 한동안 자꾸 나를 쳐다보고 낑낑거리는 이상행동이 시작되었다. 쳐다보면 몸을 활짝 열면서 헤헤거린다. 안 만져주면 또 낑낑거렸다. 롤로는 적정거리를 두는 것을 좋아하는, 진돗개 성향이 강한 강아지여서 나에게는 꽤 충격적이었다. 충분하지 못한 외출이 불러온 결핍이었다.

우리 집 강아지가 산책하다가 집에 가고 싶어 한다고요?

모든 강아지는 산책을 좋아할 거라고 생각하는 분들이 있더라고요. 제

경험에는 뛰어 놀기 좋아한다는 보더콜리, 셔틀랜드 쉽독에게서도 산책

을 좋아하지 않는 강아지들을 봤던 경험이 있었어요. 같이 지냈던 형제

들과도 똑같은 환경 속에서 살았는데 한 녀석만 산책을 극도로 싫어했

기 때문에 환경이나 교육의 문제가 아니라 선천적인 부분이 있었을 거

라고 생각해요. 흔히들 견종에 따라서 성격이나 성향들이 정해져 있다고

생각하는 경우도 많은데 물론 틀린 것은 아니지만 강아지들도 각 견종

마다 성향이나 성격은 다를 수 있어요.

산책을 좋아하는지, 싫어하는지, 그리고 운동량은 강아지들마다 너무

다르기 때문에 산책을 하기 전, 하는 도중, 하고 나서의 모든 모습을 관찰

하며 판단해야 될 거라고 생각해요. 예를 들면 산책을 꾸준히 하는데도

집에서 에너지가 넘친다면 운동량이 부족하다고 생각할 수 있겠죠. 에

너지를 소모시키는 가장 좋은 방법으로는 산책이 당연하겠지만 터그 놀

이, 노즈 워크, 개인기 교육 등으로도 부족한 부분을 조금 채워줄 수 있어

요. 특히 머리와 코를 쓰는 놀이는 은근히 체력 소모가 큽니다.

개가 개를 가르친다는 놀라운 사실

자주 가는 강아지 놀이터에서 엄청 사나운 개를 봤다. 강아지 놀이터인데도 불구하고, 리드 줄을 매고 있던 덩치 큰 백구였다. 아저씨께서 무는 애니까 가까이 오지 말라고 하셨다. 그래서 한 시간쯤 떨어져 앉아 있었다. 시간이 지나 백구가 얌전해지자 아저씨가 한번 인사해 봐도 될 것 같다고 하셨다. 코앞에서 롤로랑 마주치니 정말 경고 없이 롤로를 물것처럼 달려들었다. 뒤에서 아저씨 딸이 소리를 질렀다. 롤로가 이 장면을 보고 충격을 받았던 것 같다. 충격은 사실 필자가 더 많이 받았다. 순한 롤로가 어안이 벙벙 가만히 있었기에 다행이었다. 롤로에게 그런 폭력적인 모습은 보여주고 싶지 않았는데 내가 잘못 판단해서 폭력에 노출된 것 같다는 죄책감이 들었다.

집으로 돌아오고 하루 후, 산책하다가 이웃사촌 까불이 어린 진돗개와 마주쳤다. 까불이 진돗개는 롤로의 모습을 보고 다 따라 하는 아이다. 롤로도 어느 근엄한 진돗개를 보고 따라 하는 행동을 한 적이 있었는데, 까불이 진돗개는 롤로를 보고 그대로 행동을 따라 한다. 자기도 이렇게 촐싹댔던 흑역사(?)가 있었으면서 롤로는 까불이 진돗개를 그냥 무시하고 지나가는 편이다. 반갑다고 인사한 후 지나가려고 하는데, 오늘의 롤로는 어제 그 사건 전의 롤로와 달랐다. 어제 봤던 폭력적인 진돗개처럼 컹컹 짖으며 무서운 얼굴로 까불이 진돗개에게 경고를 했다. 까불이 진돗개에게 미안한 마음에 도망가듯이 집에 왔다. 어제 봤던 사나운 강아지 영향인 것 같은데, 이로 인해 롤로의 성격이 변하지 않았으면 좋겠다고 마음속으로 빌었다.

3개월 후, 롤로와 처음 가는 강아지 놀이터를 방문한 어느 날이었다. 그때는 자기보다 덩치가 크거나 싸우면 자기가 질 것 같은 상대가 자꾸 놀자고 들이대면 으르렁거리는 못된 버릇이 생긴 후였다. 당시 놀이터에는 아무도 없었는데, 롤로랑 놀고 있으니 저 멀리서 강아지가 다가왔다. 진돗개였다. 보자마자 든 생각이, '아. 싸우면 큰일 나겠는데'였다.

전형적인 진돗개처럼 생긴 아이인데, 눈이 오던 날에 태어난 것처럼 흰 눈을 닮은 아이였다. 편의상 흰둥이라고 칭하겠다. 롤로도 그렇고 흰둥이도 그렇고 누군가를 진심으로 물었던 적은 없지만 싸울 뻔한 전적이 있는 아이들이었다. 롤로가 어렸을 때, 흥분한 리트리버가 "여긴 내 영역이야!"라며 롤로를 엄청나게 심하게 물 뻔한 적이 있었다. 그 후부터인지 롤로는 덩치 큰 개들을 보면 무서워하게 되었다. 특히 덩치 큰 애들이 오면 롤로는 일단 놀지 않는데, 덩치 큰 아이가 해맑게 등으로 밀며 놀자고 하면 롤로는 으르렁대면서 물 것 같이 변하는 시절이었다. 당시 롤로가 큰 아이를 만나게 되면 내가 먼저 긴장하게 되었다.

흰둥이도 사연이 있었다. 6개월쯤 되었을 때 까만 차우차우가 흰둥이를 물어서 냅다 내던졌던 적이 있다고 한다. 그때 충격을 많이 받아서 한동안 집 밖에 나오는 것을 엄청 힘들어했다고 한다. 다행히 검은 개에 대한 트라우마는 없는 것 같지만 자기보다 작은 애들은 좀 막 대하는 경향이 있다고 하셨다.

이런 과거를 가진 롤로와 흰둥이가 만났다. 흰둥이가 롤로를 좋아하는 게 한눈에도 보여서 너무 들이대면 어쩌나 걱정했지만 흰둥이는 막 들이미는 게 아니라 냄새를 킁킁 맡으며 천천히 다가와 주는 센스 있는 강아지였다. 롤로가 입장하자 흰둥이도 주변 냄새를 킁킁 맡으며 마치 이곳에는 처음 온다는 듯이 주위 탐색을 하기 시작했다. 마치 사람이 어색한 자리에서 쓸데없이 휴대폰을 들여다보는 것처럼 강아지들도 처음 만나서 뻘쭘하면 주변 냄새를 킁킁 맡는 것 같았다.

그리고 흰둥이가 조심스럽게 롤로에게 놀자고 청했다. 흰둥이에게는 한 가지 생각지 못했던 버릇이 있었다. 흰둥이는 너무 신나거나 흥분하면 우루루루 하며 이빨을 보이고 컹컹하는 느낌으로 소리를 내는 것이었다. 롤로가 처음에는 당황해서 "무슨 뜻이야 그거?" 하며 조심스럽게 놀려고 하다가, 나중에는 "어이~ 진정하라고~"라고 했다가, 시간이 조금 더 흐른 후에는 "너 그거 지금 결투 신청하는 거냐?"라며 싫어하는 듯한 느낌을 살짝 내비쳤다.

그 둘은 노는 것과 싸울 것처럼 으르렁대는 것의 경계에 서 있었다. 참고로 진돗개류는 놀 때 입으로 노는 경우가 있기 때문에 다른 사람이 보면 싸운다고 착각할 수가 있다. 다행히 흰둥이 반려인께서 조용히 하라고 단호하게 말하니 입을 싹 닫았다. 흰둥이가 조용해지니 롤로도 살짝 마음을 여는 듯했다. 자기보다 몸무게가 많이 나가는 강아지를 무서워하던 롤로가 마음을 연 것이다! 그 둘은 한참이나 입을 벌리고 으갸갸갸 으갸갸갸 하며 놀았다.

흰둥이는 롤로가 많이 마음에 들었는지 평소에는 잘 안 한다는 입 벌리며 포효하기와 뒹굴 누워주기를 보여주었다. 롤로도 마음껏 냄새를 맡으라며 같이 뒹굴 누워서 헤헤거렸다. 롤로가 굴욕적이라 생각하는 포즈를 자발적으로 한 것이다. 여태 이 행동을 억지로 당하기 싫어서 덩치 큰 강아지에게 멍멍 짖으며 공격적이었던 롤로는 이제 과거의 롤로였다.

헤어질 때, 놀이터에서 나가는 친구에게 인사하지 않았다. 우리는 같이 나와서 집 가는 방향으로 함께 걸었다. 다른 강아지랑 같이 산책하는 느낌이어서 새롭고 좋았다. 정말 친구가 생긴 것 같았다. 흰둥이 덕분에 롤로가 큰 강아지에 대한 좋은 기억을 만들고, 뒹굴뒹굴하는 법도 배운 것 같아 너무 뿌듯하고 고마웠다.

롤로는 마음이 맞는 친구를 만나면서 강아지에 대한 매너를 올바른 방향으로 배워 나갔다. 롤로가 배운 것은 매너뿐만이 아니라, 도그 어질리티Dog Agility(도그 스포츠의 일종)를 하는 능력에 있어서도 발현되었다.

강아지 훈련을 병행하는 놀이터에 방문한 날이었다. 그날따라 사람도 많고 강아지도 많았다.

이곳에 있던 강아지들은 어질리티를 하는 데 익숙한 애들이어서 터널 같은 곳도 잘 다녔다. 터널 속으로 숨었다가 나왔다가 자기들끼리 쫓아다니며 잘 놀았다. 평소에 롤로는 냄새나고 어둡고 좁은 터널을 무서워했다. 평소에 통과하라고 터널 앞에 놓아주면 끙끙대며 싫다고 울기만 했던 롤로였다. 몇 번을 시도해도 매번 단호한 태도를 보이며 완강히 거절하던 롤로였기에 나 역시 터널을 통과시켜보고 싶다는 생각조차 하지 않던 시기였다.

이날은 그 터널을 통과하는 강아지를 처음 본 날이었고, 그것도 지속적으로 왔다 갔다 하는 모습이 롤로에게는 꽤나 충격적이었나 보다. 그걸 계속 봐서인지 롤로에게 터널을 통과해보라고 억지로 앞에 데려다 놓으니 곧잘 했다. 두 번 정도 더 앞에 나두고 통과시킨 후에는 손으로 터널을 탭 해도 잘 통과하는 모습이었다. 하루 만에 배운 터널 통과 법은 롤로 머릿속에 깊이 각인되어, 처음 가는 장소에서 다르게 생긴 터널을 보아도 용감하게 잘 지나다니게 되었다. 조그마하고 까만 단추 같은 눈으로 세상을 바라보며, 자기 나름대로 그것을 이해하고 받아들이는 모습이었다.

우리는 강아지와 말로 대화를 할 수 없기에 직접적으로 "이건 이거야!"라고 알려줄 수 없다. 직접적으로 내가 원하는 특정한 행동을 하라고 가르쳐주는 것도 삶을 사는 방법 중 하나일 테다. 이외로, 조금 더 시간이 걸리겠지만 강아지에게 스트레스를 덜 주는 방법이 있다. 굳이 지시하지 않아도 강아지 나름대로 생각을 한다는 점을 이용하는 것이다. 다른 강아지의 행동을 관찰하면서 그것에 대해 궁금증을 가지거나, 간접적으로 안전함을 느끼는 등 생각이나 본능적으로 일어나는 감정의 변화는 주도적인 행동의 변화로 이어진다. 이러한 절차를 거친 강아지는 자신의 행동에 보다 확신을 가질 수 있다. 비슷한 상황이 닥치면 이를 응용할 수 있으며, 보호자와 보다 소통이 잘된다는 느낌을 받게 될 것이다.

애견 카페가 아닌, 강아지 동반 카페입니다.

애견 카페와 강아지 동반 카페는 다르게 분류된다. 애견 카페는 강아지가 많이 모여 있는 장소다. 여기서는 다른 강아지와 우리 집 강아지랑 어울릴 기회를 만들기 위해, 혹은 강아지랑 같이 살지 않는 사람이 강아지를 만나기 위해 방문하는 경우가 대다수다. 애견 카페는 보통 상주견으로 북적거린다. 이미 포화 상태이기 때문에, 방문 강아지의 출입이 불가한 곳이 있기도 하다. 강아지에 초점이 맞춰져 있어 가격대가 일반 카페나 식당보다 비싼 편이다. 동반 카페는 강아지가 주가 아니다. 사람이 방문하는 곳에 강아지도 입장이 가능한 경우다. 일반 카페나 식당에, 들어올 수 있는 대상자만 넓어진 개념이다. 강아지를 동반할 수 있다고 해서 강아지가 항상 방문하지는 않는다. 오히려 동반 장소인지 헷갈릴 정도로 강아지와 함께 방문하는 사람이 적을 때가 많다.

때때로 강아지 동반 장소에 방문하면 상주하고 있는 강아지가 있을 수도 있다. 이곳 역시 강아지 세 마리와 함께 출근하는 카페다. 카페 사장 부부가 방문하는 손님들께 드리고 싶은 메시지가 있다고 한다.

Q. 강아지 세 마리와 함께하는 카페를 연 이유가 궁금해요.

기존에 키우던 강아지와 함께 있는 시간을 가지기 위해 카페를 오픈했어요. 특히 나이가 많은 강아지가 있다 보니 지속해서 돌봐주고 싶은 마음이 컸어요. 삶에 대한 만족도가 높아요. 다만 이용할 때 팁을 공유하면 좋을 것 같아 그것 위주로 얘기할게요.

Q. 손님들 반응은 어떤가요?

강아지를 좋아하고 펫티켓을 잘 알고 계신 분들이 많이 오세요. 단골이 많은 편이에요. 강아지 구경만 하는 분들도 계시고, 강아지 얘기만 하다가 가는 분들도 계세요. (웃음) 강아지 동반 카페라는 것을 모르고 오신 분 중 몇몇 분은 강아지를 보고 놀라기도 하시고요.

Q. 처음 온 손님께 드리고 싶은 말이 있을까요?

상주견 울이, 덕이, 부추는 카페가 집같이 느껴지나 봐요. 손님이 오면 3분 정도 짖는데 곧 조용해져요. 강아지의 짖음에 손님을 깜짝 놀라게 하는 것은 아닌지 죄송한 마음이 들어요. 그래도 조금만 시간을 허락해주시면 곧 얌전해지니 많은 이해를 부탁드립니다.

Q. 이것만은 지켜줬으면 좋겠다 하는 점이 있을까요?

강아지와 강아지 간의 마찰은 거의 없어요. 오히려 어린 꼬마 손님이 카페에 있는 강아지에 대한 예의를 지킬 수 있으면 좋겠다는 바람이 커요. 어린이들이 힘 조절을 하지 못해 강아지를 세게 안게 되면, 강아지가 실수로 물까 봐 가장 겁이 나기 때문이죠. 또, 강아지가 알레르기가 있을 수 있어서 간식을 줄 때는 반려인에게 먼저 물어보는 게 중요해요.

Q. 기억에 남는 손님이 있나요?

강아지 용품을 만드는 분이 푸푸 봉투 디스펜서를 선물해주셨어요. 테라스에 설치했는데, 저희뿐만이 아닌 여러 사람이 아주 유용하게 쓰고 있어요. 특히 강아지와 산책을 나왔을 때, 용변을 회수하기 위한 봉투를 가끔 까먹을 때가 있잖아요. 저희 카페 위치상 산책하는 분들이 자주 지나다니는데, 봉투가 없어서 난처한 분들은 여기서 봉투를 쓰실 수 있어요. 실제로 쓰는 분들이 많기도 하고요. (웃음) 저희는 이런 문화가 좋아요.

강아지 사춘기는 어떻게 보내나요?

"우리 아이는 어렸을 때 참 예뻤지.", "그땐 참 말 잘 들었는데."라는 말은 사람에게나 동물에게나 모두 통용되는 말인 듯하다. 우리 집 강아지가 말을 잘 듣다가 어느 순간부터 어긋나는 모습을 보일 때가 있다. 한결같이 잘 대해줬는데, 이유를 모르겠다면 강아지 내적 모습에 그 원인이 있을 수 있다.

'개춘기'라는 단어가 있다. 사람의 사춘기와 개를 합친 신조어인데, 사춘기는 호르몬에 의한 성장에 따른 신체적, 정신적 성장에 의한 변화다. 개춘기는 인터넷 정보상 5개월에서 7개월 정도 성장했을 때로 언급되는데 견종마다 특징과 체격이 매우 달라서, 사실 시기를 특정하기는 어렵다고 한다. 우리는 개춘기를 간단히 개의 사춘기 시기로, 강아지에 대한 너그러운 이해가 필요한 시기가 있는 듯하다는

내 강아지는 도시에 삽니다

정도로 이해하고 있다. 이번 장에서는 롤로의 경험담을 위주로 개춘기에 대한 얘기를 해보려고 한다.

롤로의 경우 6개월경부터 성격이 약간씩 달라지는가 싶더니, 1년에서 2년 즈음 나이를 먹으니 개춘기 시기가 왔다. 롤로는 2살이 넘은 아직도 개춘기를 지나는 듯하다. 필자 역시 30대가 되었음에도 불구하고 중2처럼 계속 마음이 왔다 갔다 하는 것을 보면, 영원히 철이 들지 않는 것이 우리의 존재 이유인 듯하다. 이렇게 사춘기 시기는 정하기 어렵고 난해한 시기 중 하나이다.

롤로가 1살이 채 안 된 시절, 심각해 보일 수 있는 폭풍이 몰아쳤는데, 이 시기를 잘 보낸 지금은 이름을 불러도 못 들은 척하고, 옆에 오라고 손짓하면 못 본 척 눈을 마주치는 않는 정도로만 반항한다. 롤로가 일부러 그런다는 것을 느끼는 것이, 간식을 주는 척하면 바로 충성 모드에 들어간다. 아주 어렸을 때는 그냥 아무것도 모르는 순수한 강아지였다면, 이 시기를 지난 후에는 조금은 생각하는 개가 되는 것 같다.

강아지든 사람이든, 어릴 때는 부모님이 시키는 대로 입고 먹다가 스스로 생각을 할 수 있는 능력이 생기면서 호불호가 생긴다. 아무것도 모르던 시절에는 주는 대로 먹었는데 살면서 더 맛있는 것을 먹어본 적이 없기 때문에 이게 어떤 맛인지도 잘 모르고 그냥 먹었던 것이다. 오라고 하면 당장에 달려왔다. 뛰는 행위 자체로도 신나던 나이였다.

강아지 크기나 종류 성별에 따라 다르지만, 수컷의 경우 5개월 정도에 진입하면서부터 성격에 변화가 찾아온다. 이 무렵부터 마운 팅Mounting을 하며 교미를 할 수 있는 시기가 시작되는데, 의학적인 측면에서 접근하자면 '호르몬의 변화로 인한 성적으로 성장하는 시기'라고 한다. 이때부터는 자기 기준에 마음에 들지 않는 상대가 보이면 충분히 싸울 수 있는 여지가 생긴다. 다른 강아지가 아무리 괴롭혀도 아무것도 모르고 방어도 못하던 꼬맹이 시절을 벗어나, 자신의 의사를 적극적으로 표현할 수 있는 나이가 된 것이다. 점점 사람과도 소통을 시도하게 된다. 롤로의 경우 자꾸 밖을 보고 낑낑대면서 응가하고 싶다는 표현을 하고, 나를 쳐다본 후 물통을 핥는 행위를 하며 물을 달라고 신호를 보낸다.

다시 강아지의 5개월경으로 돌아가 보면, 뒤에 펫티켓에 대해 언급할 때 좀 더 자세하게 중성화에 대한 얘기가 나올 테지만, 발정기의 수컷 강아지는 만만해 보이는 상대에게 싸움을 걸기도 하며 성격도 드세지는 편이다. 자기가 왔다 갔다는 표시를 하기 위해서 곳곳에 자신의 오줌을 뿌리는 마킹Marking이라는 행동도 눈에 띄게 많아진다.

우리는 수컷의 냄새라는 표현을 쓴다. 여성의 입장에서 남성에게 수컷의 향기를 맡을 수 있는데 후각이 발달한 강아지는 오죽하겠는가. 강아지에게 중성화되지 않은 수컷의 향은 너무나도 진해서, 겨뤄서 이겨보고 싶은 대상이 되곤 한다. 자기가 가만히 있어도 옆에서 자꾸 싸움을 걸어오는 것이다. 동물의 세계는 직관적이고 강렬해서, 싸움을 보기만 해도 덩달아 흥분하게 된다. 중성화를 하지 않은 강아지는 사건 사고에 휘말리거나, 그 중심에 서게 될 확률이 높다.

이 시기를 다행히도 무사히 넘기면 어느 날 갑자기 강아지의 머리가 크다고 느껴질 때가 온다. 머리가 크니 말을 안 듣는다는 옛사람들의 말이 정말 그대로를 보고 느낀 점을 말하는 것임을 실감하게 된다. 이 시기의 강아지는 본인 기준에서 싫은 것은 못 본 척하고, 좋은 것은 달려드는 모습이 점점 뚜렷해진다.

롤로의 경우 이 시기에 식욕이 폭발했다. 롤로는 전용 식탁이 있는데, 뜯어먹어야 하거나 큰 음식은 밥그릇에서 빼내와 식탁에서 먹는 버릇이 있다. 어느 평범했던 날, 그 식탁을 미친 듯이 뒤지던 때가 있었다. 식탁 안을 찾는데 음식을 찾을 수 없자, 식탁 외부를 공략하며 뒤적거리던 때였다. 말도 안 듣고 식욕은 폭발한 중2의 모습 같다는 생각이 들었다. 롤로가 식탁 바깥 부분을 공략하려고 아예 자리를 잡는데, 꼭 장난감 뜯을 때랑 비슷한 폼을 잡았다. 식탁은 뜯으면 안 돼서 롤로의 뺨을 밀었다. 갑자기 눈빛이 중2처럼 바뀌었다. 다시 말해 눈을 부라렸다. 꼭 사람이 사람에게 눈을 '부라리는 느낌으로 나를 째려봤다.

롤로는 개춘기에 접어들며 사람을 응시하는 모습이 많아졌다. 산책을 나가고 싶은 건가, 밥을 먹고 싶은 건가 싶어서 두 가지만 계속해줬는데, 그래도 쳐다본다. 알고 보니 사람에게 전달하고 싶은 메시지가 많아진 것이었다.

이후부터 롤로는 적극적인 의사표현을 하기 시작했다. 엄청 맛있어 보이는, 롤로가 제일 좋아하는 등뼈를 전자레인지에 데웠던 날이다. 딱 적당히 익었지만 씹으면 뜨거울 것 같아서 잠시 기다리게 했다. 등뼈를 밥그릇에 놓자마자 롤로는 자기 것이라고 확신했다. 맛있는 냄새가 진동해 이성의 끈이 끊어졌는지, 생전 처음으로 "ㄲ...멍!" 짖었다. 엄청나게 크게 짖었다. 앞에 살짝 낑의 느낌이 있는 우렁찬 멍! 소리였다. 나한테 뭐라고 하는 게 아니라 참기 힘들어서 자기도 모르게 나온 소리 같았다. 마치 사람이 실수로 강아지의 발을 밟았을 때 ㄲ...깽! 이런 느낌처럼 절로 터져 나왔다는 말이 더 어울리는 것 같았다. 한 차례의 강한 울부짖음 이후 등뼈를 빨리 먹게 해달라고 계속 낑낑댔다. 자신이 하고 싶은 말을 점점 더 강하게 하며, 이제는 말까지 시도하는 것 같았다.

롤로는 새로운 방법으로 나에게 말 거는 방법을 찾고 있었다. 그중 하나가 등을 긁어달라고 조르는 것이다. 어떻게 조르느냐면, 필자 앞에 등을 가져다 댄 후 뒤돌아서 나를 뚫어져라 응시한다. 나도 그냥 같이 보고 있으면 내 손을 시크하게 할짝거리고 좀 더 등을 들

내 강아지는 도시에 삽니다

이민다. 자기 등을 얼굴로 가리키며 "여기!" 하고 콕 찍고, "여기도!" 하고 또 등을 콕 찍으며 말을 하는 것 같다. 하루에도 몇 번씩 부탁하는데 롤로 몸이 왜 이렇게 근질거리나 생각을 해봤다. 구충도 열심히 하고 있고 몸을 아무리 찾아봐도 알레르기의 흔적이나 벌레는 안 보였다. 1살이 넘은 이후였지만 아직도 몸이 자라는 중이라, 몸이 더 길어지기 때문인가 궁금하기도 했다. 실제로 2년 차까지도 롤로는 계속 몸집이 커졌다. 롤로의 몸이 성장하는 것을 멈추고 나니 롤로의 긁는 버릇도 점차 사라졌다.

몸을 긁어달라는 의사표현과 함께 몸을 긁어줄 때의 반응도 몇 가지로 나뉘었다. 안 시원한 경우에는 코를 자꾸 핥거나 자기가 긁기도 한다. 적당히 시원할 경우에는 점점 뒷다리 모터가 가동되며 눈을 게슴츠레 뜬다. 자기가 긁지 못하는 곳인데 지금 엄청 간지럽고 내가 엄청 시원하게 긁어줄 경우에는 앞 단계가 심화되며 입도 일자로 쫙 찢어진다.

이 이후에는 롤로가 필자를 긁어주기까지로 발전했다. 롤로가 긁는 곳을 내가 보통 대신 긁어주는데 이번에는 신기하게도 고마운지 나를 막 긁어줬다. 하지만 내 손에 딱지가 있는 곳을 긁어서 아프다고 했더니, 다른 곳을 앞니로 찹찹 긁어주었다. 롤로가 자기 몸 긁듯이 내 손을 긁어주어서 내 손에는 피가 났다. 이빨이 간지러운 건지 집이 더워서 몸이 답답한 건지, 몸이 자라면서 찌뿌둥했던 건지 정확한 이유는 모르겠지만 몸을 이빨로 긁는 건 좋지 않다고 느꼈다.

롤로는 안과 밖이 달랐다. 강아지 놀이터에 가서 이번에도 잘 놀아보자는 의미로 롤로를 불러 등을 긁어주는데 롤로의 반응이 이상했다. 롤로가 창피해하는 것이었다.

'애들 앞에서 유치하게 뭐하는 짓이야'라는 듯 등 긁는 걸 싫어하는 눈치였다. 개춘기라는 단어가 새삼 와 닿았다.

개춘기 시기를 지나며 강아지는 성격에 많은 변화가 생긴다. 이와 함께 사회성도 함께 변하는 듯했다. 어릴 때랑 비교해보자면, 아무것도 모르고 무서운 형, 누나 앞에서 깡총거리며 까불거렸던 그때와 달리 이제는 어린 강아지가 놀아달라고 앞에서 깡충깡충 뛰면 그냥 무시했다. 심지어 강아지 언어를 잘 모르는 듯, 모르는 사이인데도 휙 다가와서 냄새 킁킁 맡고 놀자고 하는 정신없는 어린 강아지가 있으면 그르르르 하면서 싫다는 의사표시를 하기 시작했다.

예전에는 무턱대고 필자랑 놀자며 들이대다가 어른 개에게 혼도 많이 났는데, 이제는 나와 같이 그늘에 앉아서 다른 강아지가 노는 걸 구경한다. 그리고 덩치가 큰 강아지들에게 무서움이라는 게 생겼는지 아기 리트리버가 머리를 상투 돌리듯 흔들며, 또 몸을 파닥거리며 달려오면 롤로는 꼬리를 내리고 진정하라며 다른 곳으로 도망간다. 덩치가 큰 개들하고도 잘 놀았던 이전의 롤로와는 상반된 모습이었다.

강아지도 사춘기 시기를 지나면 부쩍 어른이 되나 보다. 집에서 부르면 "뭔데? 뭔데?"라며 쫄쫄 걸어오던 녀석이 이제는 얼굴만 간신히 들어 소리가 나는 쪽을 보고만 있다. 사람이 어른이 되면 귀찮아지는 게 많아지는 것처럼, 롤로도 이젠 귀찮은 게 많아진 느낌이다.

집에서 가만히 있을 때도 이젠 장난감을 가지고 오지도 않고, 잘 때도 떨어져서 잔다. 같이 집에 있어도 롤로가 혼자 다른 방으로 가서 무언가를 하는 시간도 생겼다. 뭘 하는지는 모르겠지만 아마 이것저것 냄새를 맡은 후 그냥 누워 있는 것 같다.

그러던 어느 날, 강아지 동반 카페에 갔는데 어느 덩치 큰 여성분이 있어 롤로가 가서 냄새를 맡았다. 그분도 "나한테서 강아지 냄새나지~"라며 강아지에게 예의를 갖추어 손 내밀어 주셨다. 그 외에는 다른 위협적인 행동을 전혀 하지 않으셨지만, 롤로는 무서웠는지 그르릉거렸다. 사람한테 그러는 것은 정말 드물기에 깜짝 놀랐다. 죄송하다고 사과드리고 그 카페를 서둘러 나왔다. 사춘기 시기와 코로나로 인해 부족했던 외출이 겹치면서 사회성이 줄어든 것은 아닌가 생각됐다.

2년 차에 접어들면서 롤로는 점점 똑똑해졌다. 어느 날은 사람이 먹는 베이컨보다 더 향이 진한 베이컨 간식을 줘봤는데 롤로는 뭔가 시큰둥했다. 냄새를 맡고 조금씩 먹으며 관심 없는 척하는 것이었다. 그런데 이상한 것이 다 먹고 나니 나에게 충성! 충성! 하며 더 달라는 눈빛을 보냈다. 그래서 한 개를 더 주니 또 시큰둥했다. 다른 간식이랑 같이 주니 냄새가 별로 안 나는 다른 간식을 먼저 먹고, 그 간식 남은 거 없나 요리조리 킁킁 냄새 맡다가 "흠, 베이컨밖에 안 남았는데 어쩌지?" 라며 내 눈치를 엄청 보는 것이다.

먹으라고 하니 어쩔 수 없이 그럼 한 입만 먹어보겠다며 벌린 롤로 입은 침이 한가득 고여 있었다. 사람 먹는 건 줄 알고 그런 걸까?

자기가 보통 먹던 것에는 이렇게 강한 냄새가 안 나서, 사람이 먹는 음식을 먹으면 내가 싫어하는 걸 알아서 그런 것 같기도 했다. 한 입씩 먹던 베이컨 간식은 점점 입이 커지며 잘 먹게 되었다. 아무래도 맛이 없어서 안 먹은 것은 아닌 것 같았다.

내 강아지는 도시에 삽니다

강아지의 공간 법칙

롤로가 거짓 행동을 하는 법을 스스로 터득했다고 생각하게 된 계기가 있다. 어느 날 외출하려고 하는데, 평소와는 다르게 잘 갔다 오라며 저 멀리서 얼굴로만 배웅을 해줬던 적이 있었다. 이상하게 생각했지만 대수롭지 않게 여기며 집 밖으로 나왔다.

하지만 그날은 공교롭게도 1년 만에 CCTV를 설치해뒀던 날이기도 했다. 현관문 밖에서 엘리베이터를 기다리며 CCTV가 잘 작동하나 확인하려고 휴대폰 어플리케이션을 통해 화면을 보는데, 롤로가 식탁 위에 올라가 있었다. 롤로가 식탁에 올라간 것은 한 번도 본적이 없었고, 또 본 적이 없으니 올라갔을 거라 상상도 못하고 당연히 혼냈던 적도 없었던 때였다. 어떻게 사람이 나갔을 때 태연하게 식탁에 올라갔는지 충격을 받았다.

화면을 확인하고 바로 집에 다시 들어가니 유유히 식탁에서 내려와 왜 이렇게 빨리 왔냐며 아무 일도 없었던 것처럼 행동하는 롤로였다. CCTV 장면을 확인해보니, 문 열리는 소리에 맞춰 식탁에서 내려오는 롤로의 모습이 뚜렷이 담겨 있었다.

그 이후로도 롤로는 식탁 위에 내가 어떤 맛난 것을 놓고 갔는지 궁금한 날이면 내가 외출할 때 저 멀리서 얼굴로만 배웅을 한다. 눈에 보이는 거짓 행동을 하며 자기는 완벽하다고 믿는 게 정말 어린 사람 아이 같다는 생각이 들었다.

내가 외출하면 롤로가 식탁에 올라가는 것을 보며, 롤로가 어린아이 같다고 생각한 지 몇 달이 지났다. 보호자가 싫어하는 행동을 하지 않고 있다가, 그 보호자가 사라지면 감시가 같이 없어지기 때문에 몰래 벌이는 일이라고 단순히 생각했다.

최근에 생각의 전환을 맞이한 계기가 있다. 롤로랑 같이 친구의 집에서 자는데, 롤로가 문밖에서 낑낑거렸다. 롤로가 조금씩 크고 난 후에는 같이 자지 않았지만, 이번에는 낯선 곳이니 예외적으로 함께 있는 것을 허용했다. 롤로에게는 어렸을 때의 추억이 생각났던 것일까, 무리를 지어 행동하는 것이 좋았던 것일까. 집에 돌아오고 하룻밤이 지나서 다음날 눈을 떠보니 롤로가 내 발밑에 있었다.

이제는 다시 같이 자도 된다고 생각한 것 같다. 나는 여태 롤로에게 '여기는 들어오면 안 되는 공간이야!'라고 가르친 줄 알았는데,

롤로는 '사람과 강아지는 잠을 따로 자야 해!'라고 알아들은 것 같다는 생각이 스쳐 지나갔다.

내가 외출했을 때 롤로가 식탁 위에 올라갔던 것도 이해가 되었다. 식탁은 롤로에게 있어 금기의 대상이 아니었다. 내가 싫어하는 행동인지가 중요한 것이었다. 내가 집에 없을 때는 그 행동을 싫어하는 사람이 없어졌기에 자연스럽게 그 공간의 주인이 자기가 된 것이었다. 하지만 내가 돌아오면 자기 행동에 영향을 받는 생명체가 생기기 때문에 내가 싫어하는 행동은 하지 않게 된 것이었다.

롤로는 마음이 참 따뜻하다고 깨달음과 동시에, 강아지 세계는 사람과 약간 다르게 법칙이 적용된다는 것을 알았던 날이었다.

아픔에 대비해요 I
   : 예상할 수 있거나, 선천적이거나

앞서 우리는 강아지가 갑자기 예민하게 굴거나, 공격적인 성향을 보일 때, 강아지 사춘기 시기를 지나는 것이 이유 중 하나가 될 수 있다는 것을 알았다. 강아지는 자신의 몸에 변화가 왔을 때, 외부 충격에 예민하게 반응할 수 있다. 자신의 몸이 더 이상 알던 그대로가 아니게 되면, 앞으로 또 어떤 변화가 찾아올지 몰라 방어적인 태도를 취하는 것이다. 강아지 몸의 변화는 사람들이 알기 힘든 미세한 부분이기에 외견상 알아보기 어려운 경우가 많다.

강아지가 자라면서 자연스럽게 몸이 성장하는 변화 외에, 병에 걸리거나 몸에 불편한 부분이 생기는 등 원하지 않는 이유에 의해서 변화가 생길 수 있다. 이를 미리 준비할 수 있는 예방 방법을 알아보자.

내 강아지는 도시에 삽니다

90년대 생까지만 하더라도 학교에서 정기 구충을 했다. 지금은 잊었지만, 학교에서 회충약을 먹고, 배변봉투에 변을 담아서 선생님께 제출했던 적이 있다. 이것은 아직 강아지 세계에서는 적용되고 있다. 아무리 위생이 좋아졌다 한들, 강아지는 우리가 손으로 만지지 않을 법한 많은 것을 만지고, 냄새 맡고, 뒹굴고, 먹어보기 때문이다. 강아지는 정기적으로 외부 구충, 내부 구충을 해야 한다.

산책을 자주 한다면 특히 관리를 잘해줘야 한다. 집 안에서보다 집 밖에서 병균에 옮을 가능성이 높기 때문이다. 이 때문에 우리나라에서는 의무 예방접종을 마치지 못한 아주 어린 강아지들의 외출을 자제시키는 경향이 있다. 어린 강아지가 병균에 옮는 것이 더 최악인지, 사회성을 기르지 못하는 것이 더 최악인지에 대해선 논란의 여지가 있지만 아직까지 우리나라는 소극적인 입장에 손을 들어주는 것 같다.

강아지의 예방 접종은 범위도, 종류도 매우 다양하다. 네 개의 발로 지구 곳곳의 냄새를 맡으러 다니는 녀석들에게는 걸릴 수 있는 병이 너무 많기 때문이다. 강아지로 태어났을 때 기본 접종의 명목으로 DHPPL이라고 불리는 종합예방접종과 켄넬 코프 예방접종, 그리고 코로나 장염 예방접종은 꼭 해줘야 하는 종류로 꼽힌다. 한 번도 아니고, 무려 5~6차례를 주기적으로 맞아야 한다. 강아지가 성견이 될 무렵 광견병 주사도 맞아야 한다. 앞서 언급한 접종은 한 번 사이클을 돌았다고 해서 끝이 아니라, 매년 추가 접종을 해야 하는 종류다.

여기서 끝나지 않는다. 산책을 하다가 따라오는 진드기나 심장사상충을 예방할 수 있는 구충제도 몇 개월에 한 번씩 발라주고 먹여줘야 한다. 이를 내부 구충제와 외부 구충제라고 한다. 산책을 자주 하는 친구들이 중요하게 여겨야 하는 예방책이 바로 구충제를 정기적으로 먹고 바르는 것이다. 내부 구충제와 외부 구충제는 구충이 되는 범위가 약마다 다르고, 종류는 천차만별이다. 성분이 같더라도 가격이 몇 배씩 달라지므로 우리가 쉽게 결정을 내리기 어렵다. 구충을 얼마나 자주 해줘야 하는지도 약에 따라 다르다. 특히 같은 외부나 내부 구충제일지라도, 약의 성분에 따라 구충을 할 수 있는 범위가 제각각이기 때문에 머리가 어지러워진다.

이렇게 복잡한 접종과 구충은 아쉽게도 선택이 아닌 필수다. 머리 아파하는 사람들이 많은 대신 인터넷상에는 정보를 보기 좋게 표로 잘 정리해놓은 곳들이 있다. 검색 몇 번으로 쉽게 정보를 구할 수 있다. 이것이 힘든 사람들을 위해선 주변 동물병원이 존재한다. 수의사는 누구보다 체계적으로 약에 대한 정보를 잘 알고 있기에 굳이 강아지가 아플 때가 아니어도 예방접종 등에 대한 정보를 알기 위해 방문해보는 것이 좋다. 특히 정기적으로 방문하는 곳을 정해놓으면, 계속해서 강아지 상태를 추적하고 변화를 기록할 수 있어 편리하다.

롤로 역시 정기적으로 구충을 했지만, 진드기를 발견한 적이 있다. 어느 날부터 수상하게 몸을 많이 긁기 시작했는데, 귀와 배 쪽을 수색하고 나니 작은 진드기가 몇 마리가 발견되었다. 풀밭에서 신나게 오랜 시간 놀았더니 진드기가 몇 마리 붙어온 것이다.

이후에도 방심하고 있다가 귀 끝에 붙어 있던 진드기를 적발했다. 귀를 많이 긁고 있어서 만져보다가 오돌토돌한 진드기가 만져져 경악했다. 그 후부터 필자는 주기적인 구충 외에도, 귀 끝도 검사하며 진드기를 찾는 습관이 생겼다.

진드기가 없는데도 몸을 자주 긁는다면 계절이 더워지는 여름의 경우 몸이 답답해서일 수도 있다. 이 시기를 지나는 강아지는 털이 많이 빠지는데, 몸이 간지러운지 발과 입을 사용해서 온 몸을 벅벅 긁는다. 그래서 종종 피부에 원하지 않는 상처가 나기도 한다.

귀에 대한 이야기는 추후 나올 '대비하기 힘든 아픔'에 또 소개된다.

강아지는 이빨 갈이를 할 때 성격이 예민해지기도 한다. 특히 어금니 같은 큰 이빨이 빠졌을 때는 더 예민하다. 유치는 크기가 작아서 강아지가 꽤 자주 삼키게 되는데, 이것이 변으로 배출될 때에는 고통이 극에 달한다. 여기저기 뾰족한 부분이 내장을 찔러 변을 보다가 소리를 지르기도 한다.

어렸을 때 흔들거렸던 유치가 기억이 나는가? 필자는 누군가에게 유치가 흔들린다며 보여주기는 했어도, 만지는 것은 절대 허락하지 않았다. 뭔가를 씹을 때도 조심스럽게 씹다가 잠시 방심해서 껌을 씹거나 딱딱한 것을 씹었을 때 유치가 빠질 것 같은 아픔을 느끼거나 나도 모르게 빠지기도 했다. 강아지도 유치가 흔들릴 때는 이런 기분을 겪는 것 같다. 이빨이 흔들릴 때는 아픔을 느끼는지 입 건드리는 것을 싫어한다. 강아지답지 않게 무언가를 씹는 것도 조심스레 씹으며 이빨을 보호하려고 한다.

유치는 잠시의 아픔이지만, 앞발은 강아지가 나이를 먹어감에 따라 점점 더 아파지는 부위다. 필자는 어렸을 때 그네를 타고 놀다가 뛰어서 착지하면 엄마한테 혼이 난 경험이 있다. 이후로 사회적으로 바라보는 시선 등 복합적인 이유로, 더 이상 높은 곳에서 뛰어내리는 행동을 하지 않게 되었다. (무엇보다 아프기 때문이다!) 그런데 강아지는 어딘가에서 뛰어내리거나, 점프를 해서 착지하는 등 앞발에 무리가 가는 행동을 자주 한다. 이는 활동성이 많은 강아지들의 자연스러운 생활의 일부이기에 혼내기에도 애매하다. 강아지의 앞발이 받는 충격은 세월이 흐를수록 점점 쌓이게 되고, 강아지 몸에서 약해진 부위로 자리 잡는다. 이 말은 곧, 강아지가 원만한 활동을 하기 위해 지켜야 할 부위라는 것이다. 롤로는 누워 있을 때, 앞발을 접어서 괴고 있는 버릇이 있어서 이때라도 발에 무리가 가지 않게 조심스럽게 펴주곤 한다. 무턱대고 강아지 앞발을 만지려고 하면 강아지가 예민하게 반응할 확률이 높다.

견종의 특징상 고대에 살던 지역 등 여러 요인에 따라 강아지가 유난히 예민해하는 분야가 있다. 강아지의 외형 특성상 병이 잘 생기는 종류를 보면 코커스패니얼Cocker Spaniel의 경우 귀가 항상 덮여 있어 귀 안이 자주 습해진다. 즉, 귀가 쫑긋 서 있는 강아지에 비해 귓병이 날 확률이 높다. 이런 견종은 물에 거부감이 있을 수 있다. 강아지가 물을 싫어하지 않더라도 물에 젖은 귀가 자주, 장시간 덮여 있는 채로 방치될 경우 귓병으로 발전할 수 있다. 일반적으로 수영을 잘하는 강아지를 떠올리며, 코커스패니얼을 물에 넣지 않도록 하자. 또, 견종별 물을 싫어하는 종류가 있을 수 있다. 롤로는 물을 싫어하는 진돗개와 물을 좋아하는 코기가 섞인 종류인데, 진돗개의 성향이 조금 더 도드라진 것 같다. 다른 진돗개를 보면 잘 놀지만 코기랑은 잘 놀지 않았고, 의연하고 독립적인 모습에 꽤 진돗개답다는 생각을 했기 때문이다. 롤로가 수영을 좋아했으면 하는 기대감에 강아지 수영장을 방문했던 적이 있었으나 롤로는 물을 아주 싫어한다는 것을 새삼 깨닫고 말았다.

다음은 강아지 종류별 잘 걸릴 수 있는 유전병 리스트다. 놀랍게도, 견종에 따라 취약한 부분을 타고 나는 경우가 종종 있다. 이는 여러 혈통의 강아지의 피가 섞인 경우보다, 한 가지 혈통만 대대손손 이어온 경우 나타나는 경향이다. 그 이유로는 순종 강아지를 낳기 위해 같은 종의 강아지로만 교배하다 보니, 이를 돈벌이 수단으로 삼는 사람들이 생겨났기 때문이다. 더 많은 강아지를 출산시키기 위해 근친교배 등을 반복하다 보니 특정 강아지의 종류에서 찾아볼 수 있는 유전병이라는 것이 생겼다.

견종별 유전병 리스트

이렇듯 견종 특성상 무언가를 체험할 때 호불호가 갈리는 것이

견종	표기	혈통	종류	병명
보더콜리	Border Collie		목양견	안구기형, 간질, 유전성 호중구 감소증
콜리	Collie		목양견	안질환, 피부병, 고관절 질환
바셋하운드	Basset Hound	하운드	수렵견	비만, 관절염, 귓병, 안구질환, 관절 질환
스코티시 테리어	Scottish Terrier	테리어	테리어견	암, 경련, 턱관절 질환, 폰빌레브란트 병
불도그	Bulldog	불도그	실용견	안구질환, 호흡기 질환, 관절 질환, 피부 질환, 비만
비숑 프리제	Bichon Frisé	비숑	실용견	안구 질환, 슬개골 탈구, 외이염 질환, 면역매개성 빈혈, 혈우병
페키니즈	Pekingese		반려견	호흡 곤란, 체온 조절, 허리 디스크
포메라니안	Pomeranian		반려견	슬개골 탈구
시추	Chichu		반려견	고관절 이형성증, 슬개골 탈구, 안구 질환
요크셔 테리어	Yorkshire terrier		반려견	슬개골 탈구
잉글리시 마스티프	English Mastiff	마스티프	군용견	안구 질환, 심장병, 암, 고관절 이형성증, 폰빌레브란트 병, 골수암, 간질, 위꼬임
올드 잉글리시 쉽독	Old Englis Sheepdog	쉽독	사역견	고관절 이형성증, 안구질환, 갑상선염, 심장이상, 유전성 난청

내 강아지는 도시에 삽니다

그레이트 피레니즈	Great Pyrenees		목양견	고관절 이형성증, 안구질환, 슬개골 탈구, 신경 이상, 면역 이상, 위염전(위팽창)
맨체스터 테리어	Manchester Terrier	테리어	테리어견	감기, 추운 곳에 있으면 쉽게 죽음
차우차우	Chow Chow		실용견	고관절 이형성증, 관절 이형성증, 알레르기, 안검내반
킹 찰스 스패니얼	King Charles Spaniel		반려견	폐암, 신장암, 귓병, 안구질환, 슬개골 탈구
도베르만 핀셔	Doberman Pinscher	도베르만	사역견	고괄절 이형성증, 심장비대, 폰빌레브란트병, 진생성 망막 위축, 백색증, 갑상선기능저하증
퍼그	Pug		반려견	비만, 호흡 곤란, 체온 조절, 안구 질환

있으니, 일반적인 강아지의 모습을 생각하여 무조건 권하기보다는 타고난 기질을 반영한 액티비티를 하는 것도 강아지와 잘 지내는 방법 중 하나다.

롤로의 경우는 뛰어다닐 수 있는 어질리티를 꽤 즐기는 편에 속한다. 다리가 짧아서 점프력이 떨어지긴 하지만 푸른 잔디가 펼쳐진 곳에 가서 세모난 어질리티를 올라갔다 내려간다던가 동그란 타이어를 통과한다던가 하는 활동적인 운동을 곧잘 한다. 혹시 위급한 상황이 왔을 때 롤로가 수영을 할 수 있다면 살아남을 수 있는 가능성이 높아질 수 있기에 롤로에게 수영을 가르쳐주고 싶었던 적이 있다. 욕심을 더 보태어 롤로가 수영장에서 물놀이를 즐기는 것도 좋아하길 바랬지만, 물 근처에만 가도 식겁하고 들어가고 싶지 않아 하는 모습을 보며 입수는 더 이상 시도하지 않고 있다.

강아지가 좋아하는 것에 초점을 맞춰 함께 즐기는 것도 강아지와의 유대를 쌓을 수 있는 좋은 방법이다. 유대를 쌓으면 추후 실외에서 강아지를 불렀을 때 바로 나에게 달려오는 콜백이 가능하다. 이렇게 강아지가 밖에서도 내 말을 잘 듣는다면, 강아지 동반이 가능한 색다른 장소에 가서 더 많은 경험을 시도해볼 수 있다.

산책을 잘할 경우 발바닥 털이나 발톱이 필요 이상으로 자랄 걱정은 줄어든다. 외출을 자주 안 하며 자라는 털과 발톱을 내버려두면, 집 안 바닥에 미끄러질 수 있다. 그렇다고 발바닥 털을 밀게 될 경우 뜨거운 강아지 클리퍼(이발기) 같은 것에 발이 아프거나 상처가 날 수도 있어, 강아지에게 안 좋은 기억을 심어줄 수 있다. 발톱도 비정상적으로 길어지게 놔둘 경우, 한순간에 툭 부러지거나 강아지 몸에 상처를 낼 수 있기에 짧게 유지시켜줘야 한다. 산책을 통한 자연스러운 발톱 갈림을 하지 않고, 인위적으로 자르는 방법에는 강아지 발톱깎이가 있다. 발톱깎이로 자르게 될 경우 발톱과 함께 길게 자라난 혈관이 잘리게 될 수 있는데, 이러면 강아지는 발톱깎이는 고사하고 보호자가 자신의 발에 손대는 것조차 싫어하게 된다. 결론적으로, 몸에 이상이 없는 강아지라면 정기적으로 산책을 해주어 발바닥 털과 발톱이 일정한 길이로 자연 유지될 수 있도록 해주는 것이 좋다.

발과 관련된 건강문제 외로, 외출을 자주 한 강아지는 집에만 있는 강아지보다 운동량이 많아서 건강한 체형을 소유하게 된다. 건강한 체형의 강아지는 강아지 사이에서도 인기가 많을 가능성이 높다고 한다.

강아지가 반려인과 함께 밖으로 자주 돌아다니며 새로운 냄새, 촉감, 다른 개체들과 유기적으로 공생하는 것을 자주 경험한다면 강아지 사회성이 높아진다. 우리나라 보통의 강아지는 다른 나라 강아지에 비해 사회성이 높은 편이 아니다. 처음 들리는 소리나 자극에 깜짝 놀라 멍멍 짖고 경계하는 모습이 대부분인데, 여러 경험을 통해 자극에 무뎌지는 연습을 하다 보면 큰 소리에도 의연하게 있을 수 있다. 그렇게 된다면 주위 사람들이 이렇게 얌전한 강아지를 보라며 예쁨을 받을 수 있는데, 이는 강아지 자신과 주위 사람 모두에게 긍정적인 영향을 끼친다. 궁극적으로는 강아지와 외출할 때 보호자의 말을 잘 들어서 행동 통제가 잘 되고, 주위 사람에게 피해를 주지 않는 행동을 하게 돼 강아지 자체에 대한 인식을 좋게 만들 수 있다. 이 때문에 강아지와 유대감을 쌓는 것은 중요하며, 강아지 문화, 인식 개선의 첫 번째 단추가 된다.

아픔에 대비해요 ॥
 : 예상치 못하거나, 후천적이거나

다음은 예상치 못한 불편이 찾아오는 상황에서 강아지가 예민하게 반응할 수 있음을 보여준다. 이성이 있는 사람도 몸이 아프면 주변 사람들에게 날카롭게 반응할 수 있듯, 강아지도 그런 경향을 보인다. 특히, 잘 안 보이는 등 심각한 장애가 생기면 소심하고 성격이 안 좋다고 착각할 수 있는 여지를 많이 보이게 된다. 여담이지만 이를 극복하기 위해 눈이 안 보이는 강아지를 위한 헬멧 등, 장애견을 위한 각종 물품이 세계 곳곳에서 개발되는 추세라고 한다. 새로운 물품이어서 시장에 나와서 애견 세상을 다채롭게 포용할 수 있었으면 하는 바람이다.

강아지는 진료하기 참 어려운 존재다. 사람은 어디가 아프다고 말할 수 있다. 언제부터 아팠는지, 어떤 느낌인지 대략적으로라도 의

내 강아지는 도시에 삽니다

사소통이 가능하다. 하지만 강아지는 내가 잠시 한눈을 판다면, 어떤 것을 먹었는지조차 알기 어렵다. 진료할 때는 불안한 마음에 낑낑거리고 도망 다니거나, 공격적으로 변하는 녀석들이 많아 집중할 수 있는 환경을 조성하기도 어렵다. 강아지 부모견의 질병 이력을 확인할 수 있다면 좋겠으나, 지금은 사람의 의료 데이터조차 한 곳에 모여 있는 플랫폼조차 없으니(정확히는 새로 개발되고 있다) 무척 요원한 일인 것이다.

롤로가 귀를 마구 긁던 때가 있다. 한 여름 즈음, 롤로가 귀를 많이 긁는다고 생각해서 진드기 탓인가 했지만 진드기는 발견되지 않았다. 이상해서 기존에 다니던 병원에 갔더니 딱히 이상은 없다고 하면서 간식을 주지 말아보라고 했다. 그래서 간식을 한 달 정도 주지 않으며 지켜봐도 증상이 호전되지 않아 다시 병원을 찾았다. 이때는 재방문이어서 그런지 귀 세정을 해줬다. 그리고 세정제도 받아와서 집에서 하루에 한 번씩 청소를 해주기로 했다.

롤로는 귀가 쫑긋하기 때문에 귓병이 나기 어려운 구조라고 한다. 그래서 알레르기 반응의 위험도 염두에 둬야 한다고 했다. 한 달 전과 마찬가지로, 여전히 이상한 부분은 발견되지 않았다.

강아지가 크고 6개월부터는 알레르기 반응이 생길 수 있다고 한다. 어린 롤로가 혹시 모를 음식 알레르기가 있을지 모르니 사료를 바꾸는 게 좋을 것 같다고 조언받았다. 알레르기 반응을 테스트하기 위해 특수 제작된 사료를 추천받는데 가격이 꽤 비쌌다. 이 사료만 먹이고 다른 음식을 주지 않으면 아무 알레르기가 생기지 않는다. 그래서 일주일 정도씩 이 사료와 한 종류의 음식을 줘보고, 알레르기 반응이 생기면 그 종류의 음식에 알레르기가 있는 걸 알 수 있다고 했다. 선택의 여지는 없었기에 사료를 사가지고 집으로 돌아왔다.

사료를 다 먹어갈 즈음까지도 롤로가 어떤 것에 알레르기가 있는지 발견하지 못했다. 따로 간식을 주지 않았는데도 롤로의 귀는 나아질 기미가 보이지 않았다. 롤로의 오른쪽 귀 안을 보면 귀지가 까맣게 앉아 있는데, 왼쪽 귀는 깨끗하다. 오른쪽 귀만 긁고, 그쪽만 가려워한다. 왜 그런지 이유는 필자도 모르고 수의사도 모르는 상황이었다.

귀가 이상하다고 느꼈을 때로부터 3개월간 기존 동물병원에 다닌 이후에도 차도가 없자 다른 동물병원을 가게 되었다. 그곳에서는 약을 처방받아 왔다. 롤로 귀 안을 보신 수의사는 아직 심각하지 않기 때문에 많이 걱정 말라고 했다. 약을 꾸준히 먹었으나 롤로의 상태는 나아지지 않는다. 또 다른 병원의 문을 두드리게 됐다.

여러 병원을 거쳤다고 얘기하니 이번에는 좀 더 강력한 성분이 포함된 약을 처방받았다. 집에 와서 약을 먹여보았지만, 롤로의 귀 상태는 나아지지 않았다. 두 번째 날에도 먹여봤는데 전혀 나아지지 않아서 약 먹이는 것을 중단했다. 괜히 롤로만 고생시키는 것 같았다.

4개월 차부터는 병원에 가지 않았다. 알레르기 테스트 기간이 끝나서 간식을 주기 시작했는데, 합성 간식은 주지 않는다는 규칙이 생겼다. 롤로가 이빨을 간지러워해서 돼지등뼈 등 딱딱한 씹을 거리를 계속 제공해줘야 했기 때문이다. 이처럼 가공이 되지 않은 간식을 계속 줬다. 이쯤 되니 롤로가 귀를 긁는 게 습관성일 수도 있겠다는 생각이 들었다. 실제로 귀를 못 긁게 하니 점점 긁는 빈도도 줄어들었다. 크게 신경 쓰이지 않을 정도로만 귀를 긁었다. 하지만 오른쪽 귀의 귀지는 여전히 많이 남아 있었다.

이후에도 증상이 호전되지 않자 초조해진 마음에 다른 병원을 방문했다. 그곳에서도 특정한 병명을 알 수는 없었지만 혹시 모르니 항생제를 먹여보자고 하여 처방전을 받아왔다. 병원에 몇 번이고 가서 검진을 받고, 귀 세척을 하고, 약을 받아왔다. 롤로의 귀가 간지러운 이유에 대해서는 어떤 곳에서도 시원하게 무슨 병이 있고, 무슨 이유라고 알려주지 못했다. 롤로가 먹었던 약도 근본적인 원인을 치료한다기보다는 간지러움 자체를 완화시키는 약이었다. 다행히 지금은 자연스럽게 나아서 귀를 긁지 않는다. 롤로의 귀 상태는 계속 주시하고 있는 상황이다. 상황이 나아졌어도 이유를 모르게 귀가 자꾸 간지러웠던 것처럼, 언제 또 상황이 나빠질지 모르기 때문이다.

강아지를 데려오기 전에 미처 예상하지 못한 사고나 원인을 모르겠는 질병, 버릇 등으로 강아지의 예민함은 영향을 받는다. 후천적으로도 강아지가 상대보다 약하다고 생각하는 부분이 생기고, 감추고 싶은 면이 생길 수 있는 것이다. 롤로는 귀가 뾰족한 진돗개 형상의 강아지이기에 귀에 바람이 잘 통한다고 여겨 귓병이 날 것이라 생각을 못했던 터였다.

롤로가 필자에게 의사표시를 할 때는 아주 약하게 하는 편이다. 내 팔이 롤로를 감싸면 다리가 뻣뻣해지고 눈이 살짝 커지는 등 약하게 의사표시를 한다. 치워달라는 의미로 팔을 핥을 때가 적극적으로 표현을 할 때이고, 가장 강하게 주장할 때가 자신의 짧은 다리로 내 팔을 밀어낼 때다. 이런 롤로랑 수영장에 갔던 적이 있다. 오랜 시간을 수영장 옆에서 놀며 물속으로 같이 들어갈 수 있길 기다리다가 시간이 많이 흘러 결국 롤로를 안고 몸이 반쯤 잠기게 물속에 들어갔다. 롤로는 죽을 것 같다며 내 머리 위까지 올라오려고 발버둥을 쳤다. 그래서 물을 극도로 싫어하는 성향을 알게 되었다. 진도의 성향이 강한 진도코기라지만 물을 사랑하는 코기의 유전자는 눈을 씻고 찾아봐도 안 보인다. 롤로가 물에 들어가는 것을 싫어하는 것과 롤로의 귀가 간지러운 것, 그리고 타고난 성격 모두 유기적인 연관이 있는 것은 아닐까.

강아지의 사회성 측면으로 넘어가 보면, 신기하게 같은 강아지라도 인기가 많은 강아지와 인기가 없는 강아지가 있다고 한다. 어느 훈련사에 따르면 사람처럼 혼잣말을 많이 하는 강아지는 후자에 속한다고 한다.

강아지 중에 웅얼웅얼거리는 강아지가 간혹 있다. 이런 경우는 보호자가 말을 너무 자주 걸어 강아지도 듣고 보고 배운 것이다. 사람끼리의 의사소통 방법과는 달리, 강아지 세계에서는 말보다는 행동으로 소통을 한다. 따라서 이렇게 웅얼거리는 강아지는 다른 강아지들과 소통하는 방법이 달라서 인기가 떨어진다고 한다. 보호자가 의도하지 않았던 행동을 통해, 후천적으로 강아지의 사회성을 떨어트리는 원인이 되는 것이다. 우리 집 강아지가 다른 강아지들로부터 보다 사랑받기 위해서는 강아지끼리 말보다 표정이나 행동으로 소통할 수 있도록 유도하면 좋다. 이는 행동이 풍부한 다른 강아지와 만나 놀면서 강화될 수 있다. 또, 보호자 역시 강아지에게 말을 거는 것을 줄인다면 강아지가 웅얼거리는 것이 점차 줄어들 것이다.

먹이는 사료도 인기도에 한몫한다. 롤로의 경우, 고기를 먹고 강아지 놀이터에 갔을 때 다른 강아지들이 더 잘 어울려줬다. 다른 강아지들이 맡고 싶어 하는 좋은 냄새가 나기도 하고, 든든하게 먹어서 롤로 본인한테도 힘이 되지 않았나 생각이 든다. 나비효과라는 말처럼, 미처 연결 짓지 못한 아주 작은 부분에서 시작된 것이 강아지끼리 얼마나 잘 놀게 할 수 있는지까지로 영향이 미칠 수 있다.

강아지와 출근하는 사람의 기록

낯선 곳에 내리니 낑낑댔다. 롤로는 처음 가는 곳에서는 평소에 비해 낑낑거리며 어색하다는 표현을 많이 하는 편이다. 비가 많이 와서 젖은 발을 닦고 첫 출근 할 빌딩 안으로 쏙 들어가니 낑낑거림이 살짝 줄었다. 엘리베이터도 잘 탔고 사무실에 들어가니 사람들이 많이 반겨줬다.

앞으로도 계속 같이 올 거냐며 롤로와 함께 오면 하루의 낙이 될 것 같다는 응원의 말도 있었다. 말없이 강아지를 살짝 피하는 사람도 있었다. 나중에 들었는데, 강아지랑 친해지고 싶긴 하지만 강아지가 무서워서 멀리서 바라볼 수밖에 없었다고 했다. 원하지 않는 겁이 자꾸 올라와서 본인이 제일 괴로워하는 것 같았다.

일하는 시간에는 모두 일을 하고, 쉬는 시간이 되자 사람들이 강아지를 구경하러 몰려왔다. 점심 식사는 사무실 밖에 의자와 테이블 등 공유 공간이 있는데, 그곳에서 식사를 했다. 공유 공간에는 다른 사무실에서 일하던 사람들과 외부 인원이 꽤 있었다. 이때도 사람들은 강아지에 호기심을 보이지만, 멋있다와 무섭다는 두 가지 의견으로 나뉘었다.

맞은편 다른 사무실에는 이미 예전부터 작은 파피용Papillon을 데리고 정기적으로 출근하던 분이 있었다. 직장에 강아지를 데리고 출퇴근하다 보니, 이곳이 벌써 제2의 강아지 집이 된 듯했다. 이곳에서 인터뷰를 진행하게 되었다.

파피용은 자기가 편한 자리를 잡고 창밖을 볼 수 있는 곳에서 쉬고있었다. 누군가 이 공간에 들어오려고 하면 짖는 등의 형태로 구역을 보호하려고 했다. 그냥 앞에서 서성이면 안 짖고 경계만 하다가 문을 똑똑 두드리니 어김없이 짖었다.

Q. 강아지와 같이 출근하게 된 계기가 무엇인가요?

현재 1인 가구인데, 망고(강아지 이름) 입양을 고민하면서 같이 출근할 수 없는 조건이면 키우지 말아야겠다는 생각을 했고, 망고를 임시 보호하던 분도 같이 출근을 하거나, 재택근무자, 주부 등의 직업군에 속한 사람에게 분양하겠다고 했었어요.

그래서 여기 운영사무국 측에 반려동물 규정 등을 검토해달라고 요청했더니 관련 규정이 없었습니다. 이에 주변 단체들의 동의만 얻어달라고 하셔서 양해와 동의를 구한 후 같이 출근하게 되었습니다.

Q. 강아지가 집에 혼자 있으면 성격에 문제가 생기나요?

크게 없지만 강아지가 저를 많이 기다렸다는 느낌은 받습니다. 망고가 5개월 때 저희 집에 왔는데, 1살이 되기 전까지 몇 달간 꾸준히 분리불안 훈련을 혼자 유튜브를 보면서 시도해본 결과 제가 다시 돌아온다는 강한 믿음이 생긴 것 같아요. 대체로 제가 비운 날은 잠을 자거나 준비한 간식 장난감을 가지고 놀고, 짖거나 물건을 어질러놓거나 뜯거나 하는 경우는 없었습니다.

그리고 기본적으로 저는 6~7시간 이상 혼자 두는 적이 거의 없는 편입니다. 업무상 정말 바쁠 시기가 있을 때는 망고가 다니는 동물병원 놀이방을 이용하는 편입니다.

Q. 강아지와 처음 출근할 때 시행착오가 있었나요?(시선, 이동 불편 등)

이동 불편이 가장 컸어요. 대중교통 규정을 잘 몰라서 처음에 빈백(주머니) 스타일에 망고를 넣어서 타려고 했더니 승차거부를 몇 번 당했습니다. 케이지에 넣어서 머리가 나와야 하지 않는다면서요. 그래서 망고 입양하고 주문한 캐리어가 올 때까지 한 며칠을 직장에서 집까지 걸어 다녔어요. (왕복 2시간)

그리고 여성 혼자 강아지를 키우는 상황이다 보니 산책을 하다 보면 중장년 여성, 남성들의 곱지 않은 시선과 언행을 종종 받거나, 듣곤 했습니다. 애는 안 낳고 개새*(욕)만 키우고 자빠졌다는 둥, 돈이 남아돌아서 키우느냐, 결혼이나 해라 등의 무례한 발언들을 서슴없이 하더라고요.

그러나 다행히 망고를 예뻐해주시고, 특이한 종(파피용)이다 보니 처음 보는 종이라면서 관심 있고 애정 있게 봐주시는 분들도 많았습니다.

Q. 만약 불편해하는 사람이 있었다면 상황을 알려주세요.

강아지, 고양이 등 동물 자체에 대한 거부반응, 혐오 반응이 꽤 있다는 것을 체감합니다. 함께 살아가는 존재라는 것을 인정하지 않는 것 같아요. 또한, 상대적인 박탈감을 느끼는 것도 같아요. 너는 주인 잘 만나서 팔자가 좋네, 어쩌네 하면서 본인의 처지와 강아지의 상황을 비교하는 분들도 봤습니다.

기본적으로 여성 혼자 강아지를 키운다는 부분을 무척 언짢게 (본인들과 상관없는 인생인데도) 보는 분들이 많아 그냥 결혼해서 키운다고 둘러대는 경우도 있습니다. 그러면 애는 안 낳고 왜 개를 키우느냐는 답변이 돌아오지만 그래도 심하게 말은 안 하더라고요.

Q. 강아지와 같이 다니면서 좋은 점은 무엇인가요?

일상이 건강해지는 느낌입니다. 늘 자연을 찾게 되고, 뛰고, 걷고 하면서 저도 망고를 만나고 지난 1년 반 동안 살도 많이 빠지고 운동도 많이 되어서 체력이 은근히 길러지더라고요.

더불어 책임져야 할 존재가 있다는 것은 무겁게도 느껴지지만 나를 아무 조건 없이 바라봐주고 사랑해주는 존재가 있다는 사실은 삶을 더 건강하게 잘 살아야겠다는, 매일의 다짐과 희망을 가지게 하는 것 같아요. 제가 건강해야 망고의 삶도 흔들리지 않을 테니까요.

Q. 강아지와 다른 곳(쇼핑몰, 놀이터, 식당 등)도 자주 다니시나요?

저는 많이 찾아다니는 편입니다. 반려동물 동반 식당이나 카페 등을 주말마다 찾기도 하고, 교외에 있는 반려견 전용 놀이터에 가서 신나게 공놀이를 하거나 뛸 수 있는 시간을 갖기도 하고요. 여의도 IFC몰, 고양 스타필드 쇼핑몰이 반려견과 함께 다니며 쇼핑을 자유롭게 할 수 있어서 자주 찾는 편입니다. 전용 놀이방도 있어서 불가피한 경우 맡길 수도 있고요. 그러나 식사를 같이 하거나 마트에서 장을 함께 볼 수는 없어서 불편한 점이 있긴 합니다.

여행도 많이 다니는데 망고는 몸무게가 적어서 기내 동반으로 LA와 제주도 등으로 같이 여행을 여러 번 다녔어요. 하지만 항공사 규정으로 머리를 내어놓지 못하니까 망고가 많이 힘들어해서 미안한 마음이 커요. 미국 여행 때는 중간에 한번 화장실에서 쉬를 할 수 있게 해주는데 그것도 참 못할 짓이더라고요. 유럽 항공사는 강아지 좌석을 하나 배정해줘서 이착륙할 때 말고는 강아지 캐리어를 좌석에 놓고 머리를 내어놓게 하거나 안고 갈 수 있습니다. 앞으로는 강아지 비행 규정도 조금 더 완화되었으면 하는 바람입니다. 더불어 비행기, 대중교통, 쇼핑몰 등 강아지가 함께 할 수 있는 기회가 많아졌으면 좋겠어요.

Q. 서울 곳곳에 반려동물 입장 가능한 식당이나 각종 문화생활 등을 알려주는 영상 콘텐츠가 있다면 시청할 생각이 있으신가요?

네. 정기 영상 콘텐츠가 있으면 시청할 생각이 있습니다. 반려 동물과 갈 수 있는 식당이나 장소가 있더라도 생각보다 자유롭게 함께 있지 못하는 부분이 있더라고요.

단, 사람만을 위한 곳에 반려동물이 겨우겨우 허용된 것이 아니라 반려동물과 사람이 함께 즐길 수 있는 공간으로 기획된 공간 위주의 콘텐츠에 관심이 갑니다.

Q. 강아지 문화 경험자로서 해주고 싶은 말이 있다면 편하게 알려주세요.

사실 이동, 시선, 공간 등에 대한 여러 불편은 동물에 대한 우리 사회의 현 의식과 수준 때문에 일어나는 일들로 보입니다. 이들이 귀한 존재라는 것을 이해시키고 충분히 더불어 살아갈 수 있다는 인식을 높이는 것과 동시에 반려동물을 키우는 그룹들 사이에서도 펫티켓을 잘 지킬 수 있도록 더 노력해야 할 것 같아요. 내가 좋다고 모두가 좋아하는 건 아니니까요. 정리해 말하면, 반려동물을 키우지 않는 그룹과 키우는 그룹들의 인식 모두 높여가 야만 할 것 같습니다.

오후 시간에는 자신의 사업장에서 강아지와 출퇴근을 하는 다른 개 인 사업자를 만났다. 그녀 역시 강아지를 데리고 올 때부터 사업장 에 출퇴근시키며 같이 있으려고 계획을 세웠다. 그 결과 강아지랑 오랫동안 떨어져 있던 적이 거의 없어서인지, 한 시간만 떨어져 있 어도 분리불안이 심하게 나타난다고 했다.

Q. 강아지랑 다니면서 사람들에게 해주고 싶었던 말이 있나요?

첫 번째로, 누군가 자신의 강아지를 괴롭히거나 지나치게 예뻐한 다면 훈육을 하고, 자신의 강아지만 예뻐하지 않도록 교육이 필 요하다고 봐요. 특히 어린아이들이 강아지를 좋아한다고 하는 행 동이 강아지에게는 거칠게 느껴져서 강아지에게 트라우마로 남 는 경우가 있어요. 두 번째로, 일반 사람들의 대형견에 대한 인식 이 개선되었으면 좋겠어요. 세 번째로, 사람들이 모르고 강아지 대변을 안 치우고 가서 강아지 금지구역이 된 곳이 있는데 이런 부분은 사람들이 잘 넘어가 줬으면 좋겠어요.

Q. 강아지랑 같이 다니면서 느꼈던 점은 뭘까요?

같이 있어서 좋은 점은 호텔링 등을 해도 강아지끼리 사고가 많은데, 바로 옆에서 볼 수 있어서 마음이 편한 것이죠. 단, 이동 시 차에 태우고 다녀야 하는데 저희 강아지가 멀미가 심하다는 단점이 있어요.

강아지와 외출하며 바라는 점이 생겼어요. 강아지 동반 식당에 칸막이가 있어서 개인적인 공간이 있으면 좋을 것 같다는 생각이 들었어요. 주위 사람들 때문에 힘들기 때문이죠. 그리고 전염병 예방을 위한 노력도 필요해 보여요. 강아지 동반 쇼핑몰에 들렀다가 전염병에 걸린 강아지를 데리고 나온 것을 보고 얼른 도망 갔거든요.

CHAPTER 3

어엿한 도시견이 되는 법

도시 강아지와 함께하면 이런 단어는 알아야 해요

'애완동물.' 어렸을 때, "애완동물 사주세요!"라는 말을 한 번쯤 듣거나 말해본 적이 있을 것이다. 하지만 요즘은 이 애완이라는 단어는 웬만해서 잘 쓰지 않는다. 구시대적 느낌을 주기 때문인데, 이에 대한 이유는 다음과 같다. 한자어인 애완은 사랑 애(愛) 자에 희롱할 완(玩) 자를 쓴다. 이 '완'은 문구 완구 등에 쓰이는 한자로 '놀이'를 표현한다. 따라서 애완을 직역하자면 '인간이 사랑하고 가지고 노는 동물' 정도로 뜻풀이가 된다. 강아지도 생명이라는 인식이 팽배해진 요즘에 어울리는 단어가 아닌 것이다. 생명 중 특히 지능이 높은 편인 강아지는 희로애락을 느낄 수 있으며, 자신의 생각을 통해 여러 행동을 할 수 있다.

애완이라는 단어의 대체제로, '애견'이 급상승하는 단어로 떠올랐다. 애견이라는 단어는 당연히 강아지를 사랑한다는 의미다. 동물을 사랑하는 사람들도 무리 없이 본 단어를 사용한다. 다만 애완이라는 단어와 헷갈릴 수 있기에 어감으로 애완이라는 단어가 떠오르지 않는 문구가 필요했다.

필자는 Pet-Culture(펫 컬처)를 줄여 펫-C라는 단어를 만들었다. 지금 우리나라의 반려동물 문화는 세금, 환경, 교육, 문화, 인식, 책임, 경제 등 기존의 관념과 새로운 생각이 융합되고 충돌하면서 무척 복잡한 과도기를 보내고 있다. 이런 문화와 인식을 개선하고 올바른 강아지 문화 형성이 필요한 시기라는 뜻에서 생각해낸 단어다. 결국은 '사회 융합형 반려동물 문화', 즉 올바른 펫-C 사회를 만드는 것이 궁극적인 목표다.

현재 우리는 애완 대신 애견, 애견보다는 반려동물이라는 단어를 더 자주 쓰고 들을 수 있다. 특히 반려동물이라는 말은 최근 들어 동물의 기본권에 대한 관심이 높아지면서 유행하는 단어 중 하나다. 함께 살아가는 생명체라는 의미의 이 단어는 생각지 못하게 누군가를 소외시키는 현상을 만들 수 있다.

'반려'라는 단어가 보통 강아지나 고양이를 키우는 사람에게만 해당되는 단어이기 때문이다. 강아지를 좋아하지만, 가족의 반대로 함께 살지 못하는 사람이나, 알레르기로 인해 어쩔 수 없이 따로 떨어져 있어야만 하는 사람들은 반려동물이라는 개념이 성립되지 않는다. 유기견 출신 강아지를 임시로 보호하며 먹이고 재워주는 분들에게도 적용하기 애매하다. 이들은 인생의 동반자로서 여생을 함께 하지 못하기 때문이다.

차선책으로 보호자라는 단어가 있다. 강아지를 보호하는 사람이다. 여기서 잠깐, 강아지는 보호되어야 하는 대상일까? 강아지와 사람이 싸워서 체력적으로 강아지가 우세한 경우 사람을 이길 가능성은 있다. 실제로 개 물림 사고로 사망한 사람이 뉴스 헤드라인을 장식하기도 한다. 하지만 사람은 세상을 이끌어나가는 주력 계층이다. 길거리에 나가면 당연하게도 강아지보다 사람이 월등히 많이 보인다. 사람의 수가 개체수로 보았을 때 강아지보다 우세하게 많다. 이들은 어디서 살지, 무엇을 먹을지, 어떤 활동을 할지 의사결정할 수 있는 권한이 있다. 더 나아가 우리가 사는 현 문화를 만들고 스스로 생각하여 발전하는 존재다. 이런 의미에서 강아지는 약자, 사람은 강자라고 보면 보호자라는 개념이 이해가 된다.

TIP ··

독일과 한국의 반려문화가 어떻게 다른가요?

독일의 경우 반려견 훈련사가 별도로 있는 것이 아니고 훈련 교육 기관이 있어서 보호자들이 그곳에서 교육을 이수해야 반려견을 키울 수 있다고 해요. 즉, 보호자 하나하나가 다 훈련사들인 셈인 것이죠(가정견 기준). 또한 입양을 위해서 보호자의 여가 시간, 경제력, 집의 크기, 마당의 크기 등을 정해서 그 조건에 해당돼야만 입양이 가능하기도 합니다. (지역별로 다를 수 있어요.)

그런 문화 자체는 좋을 수 있으나 개인적인 생각으로는 우리나라 문화에는 조금 어렵지 않을까 합니다. 물론 나라에서 강하게 추진하고 교육 이수 이전에 반려견을 키울 수 없게 한다면 가능할 수 있지 않을까요?

다만 독일 역시 사람이 사는 곳이라 인터넷으로 알려진 정보들은 조금 부풀려진 경우도 많아요. 또한 지역마다 다르기도 하고요. 기본적으로 독일은 개인 간에 반려견을 사고파는 것이 불법이라 하지만 그건 우리나라도 마찬가지거든요. 또 위에 언급한 대로 입양하려면 교육을 받아야 한다지만 어느 지역에서는 대형견의 경우만 교육받고 입양할 수 있다고 해요.

그리고 독일의 경우 반려견에게 세금을 부과하고 가정환경이나 하루 산책 시간을 준수해야 한다거나 하는 등의 법령이 정해져 있어요. (안 지킬 경우 고소를 당한다거나 할 수 있는 것이죠.) 그렇지만 우리나라에 법이 있어도 잘 지켜지지 않는 경범죄 같은 것들이 있기 때문에 우리나라보다 문화의 차이가 조금 있을 수 있지만 사람 살고 강아지를 키우는 모습은 비슷하지 않을까 해요. 일례로 독일은 세금으로 공원 어디에나 배변봉투를 많이 비치해둔다고 하는데, 덕분에 사람들이 배변봉투를 일일이 들고 다니지 않아도 된다고 합니다. 그런데 반대로 개의 대변을 치우지 않아 눈살을 찌푸리게 하는 경우도 많다고 해요.

또한 외국 문화와 우리나라 문화 중, 크게 다른 것 중 하나가 외국은 반려견이 출입할 수 있는 곳이 생각보다 많고, 많은 사람이 그다지 크게 신경 쓰지 않는다는 부분이에요. 우리나라도 어떤 제도보다 그런 문화가 필요할 것이라 생각하는데 이것 또한 우리가 가진 고유의 성향 때문에 나라에 맞는 문화를 만들어가야 한다고 생각해요. 예를 들자면 한국인은 맨발로 집에 들어가고 회사 등 외부 장소에서도 양치질 등을 쉽게 하지만 외국인들은 신발을 신고 어디든 접근하고 대신 외부에서는 양치질이나 침 등 자신의 체액이 나오는 것을 굉장히 불결하게 생각한다고 하네요. 즉, 서로의 생각과 문화 차이로 인한 부분이라 그것을 그대로 가져온다기보다는 우리나라에 맞는 반려문화를 하나씩 만들어가면 좋겠다는 생각이 듭니다. 하지만 시급히 도입됐으면 하는 문화는 초반에 말한 대로 반려견을 키우기 이전 미리 교육을 받아야만 분양, 입양이 가능하게 하는 것이에요.

내 강아지는 도시에 삽니다

한국 농촌경제연구원의 조사에 따르면 반려동물 연관 산업 규모는 2015년 1조 8994억 원 수준으로 추정된다. 2021년에는 약 4조 원, 2027년에는 약 6조 원까지 성장할 것으로 전망된다고 한다. 반려 인구가 계속 늘어나는 만큼 연관 산업도 급성장하는 것이다.

개인적으로는 이런 상황을 돈벌이 수단으로 보지 않아야 한다고 생각한다. 오히려 안전하게 공존할 수 있는 문화, 갈등 없이 공존하며 지내는 방법과 같은 기본적인 사항에 대한 고민을 하는 것이 중요하지 않을까.

이런 시기에 우리가 주목해야 할 부분은 '강아지의 사회성'이다. 사회화가 안 된 강아지는 겁이 많아져서 대부분 공격적인 성향을 보이며, 비정상적인 문제 행동을 하는 경우가 많기 때문이다. 앞서 소개한 다양한 경험을 통해 강아지는 사회화에 도움을 받을 수 있다. 강아지나 사람을 통한 다양한 경험 외로, 펫티켓을 당연시하는 문화가 필요하다. 펫티켓을 사람들이 알고 지킨다면 강아지 문화와 인식 개선은 물론 반려인에게도 즐거움을 줄 것이다.

많은 사람이 공감해서 펫티켓을 지키는 반려인이 많아지고 사회성이 좋은 강아지가 많아지면 생각지 못한 효과가 나올 것이다. 이런 문화의 구축은 비반려인의 인식에 긍정적인 영향을 줄 것이고 이는 결국, 갈등을 줄이는 선순환으로 이어지게 될 것이다.

앞서 사회성을 증진시키기 위해 강아지가 겪는 다양한 경험을 알아보았다. 이번에는 강아지가 도시에서 살아가면서 필요로 하는 매너 등, 공동체 안에서의 상호작용에 초점을 맞춰보도록 한다.

아래는 강아지를 키우는 사람이라면 당연히 알고 있어야 할 지식이다. 특히 안전과 관련한 부분은 반려인, 비반려인 모두 알고 있어야 할 기본적인 주의사항이다. 참고로 오지큐 마켓(naver.me/Fgi92jxh)에서 펫티켓 스티커로도 만나볼 수 있다.

펫티켓 및 강아지의 행동 습성

강아지도 건강을 위해서 양치 해줘야 한대요, 신기하죠?

맹견으로 분류되거나 사나운 강아지는 입마개가 필수예요.

외출 시 산책 줄은 꼭!

〈옐로우독 캠페인〉이라는, 노란 리본을 맨 강아지는 만지지 말아 달라는 의미예요.

산책은 매일매일!

산책 시 배변봉투를 지참하면 어디서나 안심! 강아지 배변은 반려인이 주워요.

강아지에게 주면 안 되는 음식이 있어요. 예를 들면 포도, 초콜릿, 사탕, 복숭아 씨앗 등이 그래요.

진돗개 등 시크한 성격의 강아지도 있어요. 사랑하긴 하지만, 꼭 사람한테 안기거나 스킨십하는 걸로 사랑을 표현하지 않을 수 있어요.

강아지는 사람보다 청각에 예민해서, 큰 소리가 나면 많이 무서워한대요.

강아지는 항상 반려인의 사랑과 관심을 원해요.

중형견부터는 강아지끼리 놀 때 싸우는 것처럼 놀 수 있어요. 강아지 크기별로 노는 방법이 다르게 보여요.

때때로 강아지끼리 관심 없어 하는 개들도 있어요. 소형견에서 많이 볼 수 있어요.

강아지도 규칙적인 생활을 좋아해요. 잠자는 시간은 꼭꼭 지키길 원해요.

처음 보는 강아지를 만지려고 하다가는 강아지가 불편해할 수 있는데, 아주 많이 불편하면 우르르르 소리가 나요. 이때는 절대 만지면 안 돼요.

내가 우울해 보이면 강아지가 와서 "괜찮아?"라고 묻기도 해요.

강아지와 지내면서 불편할 수 있는 부분

강아지와 함께 지낸다면, 귀찮을 때도 예외 없이 매일 아침에 산책을 해줘야 하는 일상이 기다린다. 뿐만 아니라 사계절이 뚜렷한 우리나라에서는 특히 털이 잘 빠지는 견종의 경우 털갈이 시기가 시도 때도 없이 찾아온다. 양말을 신고 집 안을 돌아다니면, 양말에 털이 잔뜩 묻어서 밖에 신고 나가지 못할 정도가 된다고 각오해야 한다.

반려견 놀이터 방문 공통사항

반려동물에 대한 관심이 높아지면서 정책도 같이 업그레이드되는 추세다. 예상치 못했던 전 세계적 재앙인 코로나19와 겹치는 바람에 반려견 놀이터 운영 정책도 매달 바뀔 정도로 변화를 많이 겪으면서 자리를 잡아가는 중이다.

현재는 운동장 입장 시 강아지 등록카드나 등록증, 혹은 인식칩이 필요하다. 동물 등록 확인은 동물등록증 외 내장 인식 칩 등을 통해 확인하며, 동물 등록이 된 강아지만 이용할 수 있다. 대개의 공공 놀이터의 경우 배변 봉투와 개수대가 마련되어 있는 편이다. 겨울엔 동파 방지를 위해 물이 안 나올 때도 있으니 참고하자.

반려견 놀이터는 보통 소형 견용과 중대형 견용, 이렇게 두 곳으로 분류된다. 어느 놀이터에 들어갈 수 있는지는 놀이터에 걸린 안내판을 보며 키를 재보거나 몸무게로 알아볼 수 있다.

공격적인 성향이 있는 강아지들은 입마개가 필수다. 여러 개가 모이는 곳이기 때문에 사건사고가 일어나지 않도록 보다 유심한 관찰이 필요하다. 많은 경우 간식을 나눠먹거나 장난감을 같이 가지고 노는 것에 문제가 없지만, 간식이나 장난감에 강한 애착을 지닌 강아지가 입장하기도 한다. 이런 강아지는 외관만 보고 판단할 수 없기 때문에 반려견 놀이터에 간식이나 장난감은 가지고 가지 않는 것이 이용 매너다. 사이좋게 놀 수 있는 강아지 사이였다가도, 소유하고 싶은 것이 생기면 돌발적인 싸움의 원인이 될 수 있으므로 지참하지 않는 것을 추천한다.

동물 등록

동물 등록 방법은 크게 두 가지다. 정부에서 지원해주는 인식 칩은 1만 원으로 제휴 동물병원에 가서 할 수 있다. 강아지 몸에 인식 칩을 심는 게 싫은 경우, 가까운 구청에서 단순 등록을 할 수 있고 사기업을 통해 카드나 외장 칩을 발급받을 수 있다. 구청이나 시청에서 담당하는 부서는 일자리경제과, 시장경제과, 보건위생과, 경제진흥과, 보건위생과, 일자리벤처과, 생활경제과 등 지역마다 이름이 조금씩 다르다. 정부에서 진행하는 사업을 이용해 동물 등록 시 만원 내외로 가능하다. 사기업 이용 시 예쁜 굿즈 형태로 받을 수 있다는 장점이 있지만 가격이 몇 배로 비싸다는 단점이 있다.

강아지와의 이동 수단

요즘엔 열차, 버스, 비행기, 배 등 강아지와 함께 외출할 기회가 많아졌다. 운용사마다 기준이 다르고, 동반이 거부되는 곳도 있기에 이용 전에 전화로 확인하고 가면 좋다. 강아지의 무게에 따라 이동이 제한되는 경우도 있다. 항공편이 특히 까다로운데, 광견병 예방접종 확인서와 수의사의 소견이 들어간 건강진단서, 마이크로칩 이식 등을 요구하는 경우도 있다.

공공 수단을 이용한 이동의 경우, 강아지 이동장(이동물품) 사용이 의무인 곳이 대부분이다. 독일 등 다른 나라에서는 줄과 보호자가 연결되어 있으면 이동장에 강아지를 넣을 필요 없이 네 발로 걸어서 공공 이동 수단을 이용할 수 있는 경우가 있지만, 우리나라의 경우 다른 사람에게 피해를 줄 여지가 있기에 이동장은 필수다. 많은 경우 켄넬Kennel 형식의 딱딱한 재질이 아니더라도, 가방의 형태로 강아지가 뛰쳐나갈 수 없도록 막는 역할을 할 수 있다면 이동장의 범위로 간주한다.

자차를 이용한 이동도 활발한 추세다. 강아지와 함께 자동차에 탑승할 때, 이동 시 강아지를 보조석에 태우거나, 무릎 위에 올려놓은 상태로 운전하는 상황은 극히 위험하다 것을 알아야 한다. 더욱 안전하고 올바른 상황을 만들어가기 위해 나 하나부터 안전수칙을 지킨다면, 결국 반려문화는 보다 성숙하게 바뀔 것이다.

내 강아지는 도시에 삽니다

자동차를 탈 때는 안전을 위한 장치가 필요하다. 특히 운전자가 운전하면서 방해받지 않는 것이 핵심이기에 자차 이동 시 강아지는 켄넬 안에 들어가는 것이 가장 좋다. 차선책으로 안전벨트처럼 하네스와 띠를 연결한다던지, 이동 방석을 이용한다던지 등의 방법이 있다. 뒷좌석이 앞좌석보다 안전하다. 운전석에 같이 타는 강아지를 본 적이 있는데, 이런 경우는 강아지가 돌발 행동을 했을 때 대처하기가 어렵고, 오히려 사고를 유발할 수 있으므로 매우 위험하다. 이런 상황에서는 과태료도 부과된다고 하니 내가 생각했던 이동 방법이 안전한지 다시 한번 생각하는 계기가 되었으면 좋겠다.

중성화

중성화 수술을 해야 할지에 대한 찬반 논쟁이 활발하다. 있는 그대로의 모습으로 살아가자는 파와 중성화하지 않은 수컷은 다른 강아지와 싸울 가능성이 크고 왕따를 당할 수 있다는 파로 나뉜다. 암컷 강아지의 경우도 수컷과 마찬가지로 중성화를 하면 강아지가 더 건강하게 살 수 있다고 주장한다. 중성화는 강아지에게 꽤 큰 이벤트다. 아래는 롤로가 중성화를 했을 때의 일화다.

동물병원에 예약한 후에 갔는데 가자마자 피검사를 했다. 털이 잔디처럼 덮여 있는데 강아지 혈관을 쉽게 찾는 모습에 역시 전문가는 다르다는 생각이 들었다. 마취해도 괜찮은지 여부를 확인했고, 수술을 하면 안 되는 의학적 사유가 있는지 확인했다. 그렇게 롤로는 동물병원에서 중성화 수술을 받게 되었다.

2시간 정도 후, 마취가 깼으니 데리러 오라는 전화를 받았다. 차 등의 이동수단이나 들것을 가지고 오라고 했지만, 집이 가까운데 굳이,라며 맨몸으로 갔다. 롤로가 눈이 반쯤 감긴 상태로 반겨줬다. 수술은 잘됐다고 하셨다.

약을 받고 병원을 나와 집으로 가는데 롤로가 걷지를 않았다. 마치 사파리에서 본 따뜻한 바위 위에 누워 있는 사자 얼굴처럼 황홀한(?) 느낌의 표정 같았다. 어쩔 수 없이 안고 데려가는데 정말 무거웠다. 너무 무거워서 중간에 걸어가라고 내려놓았더니 또 바위 위에 사자 표정을 한다.

집에 도착한 후 롤로 전용 자리에 올려놓았더니 한참을 멍 때린다. 수술 중에 토하면 위험해서 8시간 정도 밥과 물을 안 줬는데 정신이 없는지 물도 안 마신다. 마취가 안 깬 건지 망연자실한 건지 구분이 안 됐다.

3시간 정도 지난 후에 오리 목뼈를 먹긴 했다. 반만 먹고 먹지 않아 망연자실이 아니라 아픈 것 같다는 생각을 했다. 그리고 자기가 움직일 수 없다고 착각하는지 다리 다친 사람처럼 한 발자국도 움직이지 않았다. 롤로가 할 수 있는 유일한 움직임은 낑낑거리는 것뿐이었다. 그래서 이틀 정도는 계속 안고 다녔다.

다른 방에 가면 낑낑! 밥 먹으러 가도 낑낑!

자기만 봐달라고 그러는데 큰 병에 걸린 것처럼 심신이 미약해진 것 같았다. 평소에는 찾아볼 수 없던 행동도 생겼는데 강아지 동반 카페의 푸들처럼 무릎에 앉고 싶다고 올라오는 행동도 한다. 무심하고 독립적이던 롤로도 아프면 별수 없나 보다. 며칠간은 롤로만 더 신경 써줘야 할 듯싶었다.

중성화 수술한 지 6일 차가 되었다. 수술 부위는 겉으로 보기에 멀쩡하다. 이제는 목 칼라에 뭐가 걸려도 거인이라도 된 듯 그냥 밀고 가버린다. 목이 아프지도 않은가 보다. 목 칼라에 장난감을 올려놓고 놀고, 간식도 올려놓아 숙이지 않고 먹는 등등 목 칼라를 자기 몸처럼 핥아서 깨끗이 해주며 나름 적응했는데, 드디어 일주일이 지나 내일 병원에 가서 풀기로 했다. 롤로는 평생 이렇게 살아야 되는 줄 알았겠지?

풀었을 때 어떤 반응일까 궁금했다. 아마도 롤로가 목 칼라에 정들어서 핥아주며 장난감처럼 가지고 놀지 않을까 예상해보았지만 결과는 정반대였다. 이후 목 칼라를 쓰는 것을 싫어하게 되었다. 아무리 적응한 것처럼 보여도 중성화 당시의 안 좋은 기억이 강렬했던 것 같다.

롤로가 중성화를 하게 된 배경은, 코가 납작하게 들어간 종류의 강아지를 보면 흥분하면서부터였다. 평생 온순하게 살 줄 알았던 롤로가 개춘기 시기로 접어들면서, 입이 크고 코가 납작한 단두종 아이들이 놀자고 우호적으로 다가와도 으르렁대며 싸울 태세를 갖췄다. 참고로 단두종 강아지는 놀자는 의미일지라도 돌멩이처럼 달려와서, 상대에게 무례하다는 인상을 남기는 경향이 크다. 롤로는 이를 보며 말이 안 통한다고 생각했는지 이런 종류의 강아지는 반사적으로 싫어하는 티를 내게 되었다. 이 행동이 버릇처럼 자리 잡기 전에 빨리 수술 날짜를 잡았던 것이다.

롤로는 아직도 이런 강아지를 보면 우호적으로 대하지 않는다. 자리를 몇 번 피하다가 계속 자기를 쫓아오면 화를 낸다. 중성화 수술을 하지 않았다면, 롤로는 상대를가 싫다는 메시지를 더 강렬하게, 그리고 즉각적으로 표현했을 것 같다는 생각이 들었다. 알맞은 시기를 찾아 중성화를 한 편인데도 롤로의 '아무나 다 좋아했던' 과거는 돌아오지 않았다.

중성화를 늦게 하게 되면 이미 다른 수컷 강아지를 경계하고 싸우는 경향이 생긴 이후일 수 있다. 이미 경계와 흥분이 적응된 강아지는 중성화 이후에도 성격이 온순하게 돌아오지 않는다고 한다. 강아지의 기억력은 생각보다 강력하다.

강아지도 세금을 내나요?

강아지를 데려오기 전 준비하며, 그리고 강아지를 데려온 후 2개월 간 지출한 돈을 합해보니 백만 원이 넘었다. 장난감, 간식, 집·계단·울타리·밥그릇·켄넬 등 강아지 가구, 영양제, 구충제, 외부 구충제, 배변패드, 샴푸·빗·이발기·칫솔·치약 등 미용용품, 리드 줄 등 정말 필요하다고 생각되는 물품들 위주로 구매했다.

강아지 포대기와 사료, 탈취제, 옷 여러 개는 아는 분이 주셨고, 강아지 책임비와 강아지 동반 카페에 갔던 것은 비용에 넣지 않는데도 꽤 많은 돈이 나갔다. 특히 강아지 간식 값이 엄청 비쌌다. 장난감은 집에 있던 인형을 많이 줬는데, 움직이는 장난감을 주고 싶다는 욕심이 생기고, 구강 관리할 수 있는 장난감에 대한 욕심 등등으로 뻗쳐나갔다. 앞으로 지출될 예정으로 예방접종 비용과 중성화 비용이 남아 있다.

강아지를 데려오기 전, 기본 상식과 예절에 대한 온라인 강의를 수강했는데 109분 강의에 5만 원이 나갔다. 내가 생각지 못했던 세밀한 부분에서 강아지한테 어떤 경험을 시켜줄 수 있는지에 대해 좀 더 알 수 있었다. 하지만 '어렸을 때 최대한 많은 것을 경험하게 해주고, 혼내지 마라!'는 기본적인 틀을 지킨다면 딱히 그 강의를 수강하지 않아도 될 것 같다는 생각이 들었다.

일반 성인용품보다 어린 아기 용품이 더 비싸다. 하지만 그보다 더 비싼 건 강아지 용품이다. 강아지를 키우는 인구는 정말 많은데, 그들이 살아가기에 강아지 출입이 허용되는 식당 및 카페는 너무 한정되어 있고, 그들을 위한 용품, 교육, 기타 비용은 너무 비싸다.

아무리 비싸게 값을 매겨놓아도 구매자는 있다. 나처럼 사회화 시기를 놓치고 싶지 않고, 강아지에게 드는 돈은 미래를 위한 투자라며 크게 신경을 쓰지 않는 사람이 그런 사례가 될 것이다. 하지만 우리나라 사회가 강아지에 대해 성숙한 환경을 조성하고자 한다면, 장벽을 낮춰 보다 많은 사람이 혜택을 누릴 수 있어야 할 것이다.

이렇게 되려면, 현실적인 측면에서 봤을 때 강아지를 키우는 가정은 세금을 내야 한다. 현재까지는 강아지에게 세금은 부과되지 않고 있다.

만약 세금을 걷게 된다면 그 세금으로 공정관리위원회 같은 것을 운영할 수도 있다. 위원회에서 용품 가격을 관리하면 소비자에게 혜택으로 돌아올 것이다. 지금은 원가나 재질, 만드는 데 들어간 노동에 비해 판매되는 제품의 합리적인 가격 층이 형성되어 있지 않은 편이다. 이런 업계를 감시하는 단체가 생길 수 있다면 강아지 장난감이나 간식이 보다 위생적이고 강아지에게 무해한 재질로 만들어질 수 있으며, 이는 결국 세금을 내는 자에게 혜택으로 돌아올 것이다.

가장 혜택을 많이 보는 분야는 강아지 입양 부분이다. 발바닥이 송송 빠지는 좁은 우리에 평생을 갇혀 살며 새끼 강아지를 정기적으로 만들어내야 하는 개 농장을 없애자는 움직임이 일어나고 있다. 강아지 입양처 1위인 펫숍에 가면 귀여운 아기 강아지가 많다. 하지만 펫숍에서는 얼마나 위생적인(혹은 위생적이지 않은) 환경에서 강아지가 태어났는지, 부모가 어떤 질환을 앓고 있는지 등을 투명하게 공개하기를 꺼린다. 외관적으로 봤을 때 아기 강아지만 깨끗해 보이면 되기 때문에 외모만 중요시하며, 서류는 조작을 해도 모르게 되는 것이다.

대학교를 졸업하자마자 20대에 일찍 결혼한 친구는 펫숍에서 강아지를 입양했다. 강아지를 데려오고 몇 주를 같이 지냈는데, 행동이 조금 이상하다는 생각이 들었다. 병원에 가서 진찰을 받아보니 선천적으로 척추에 기형이 있는 강아지라고 했다. 치료하기 위해서 1500만 원이 든다는 소견을 받아왔다. 어린 나이에 감당하기에는 아주 부담스러운 금액이었는데, 금액적인 부분이 해결되더라도 다른 문제가 있었다. 큰 수술이기 때문에 치료 도중 아기 강아지가 죽을 위험이 있었기 때문이었다. 하지만 치료를 하지 않는 경우에도 강아지가 오래 살 수 없는 상황이었기에 진퇴양난이었다. 펫숍에 가서 항의를 했으나 그들은 다른 강아지로 바꿔주겠다는 말만 되풀이할 뿐이었다. 이미 가족이 되어버린 그녀는 결국 자비로 강아지를 치료하기로 마음을 먹었고, 펫숍에서는 심심한 위로의 대가(?)로 배변패드 몇 개만 보내줄 뿐이었다.

위와 같은 상황에서 쉽게 결정을 내릴 수 있는 사람은 거의 없을 것이다. 더더욱 사회초년생 입장에서는 더 힘든 결정이 될 것이다. 만약 이런 펫숍을 감시하고, 중재하는 단체가 있었다면 펫숍은 어린 강아지를 취급함에 있어 보다 책임감 있는 모습을 보였을 것이다.

최근에 강아지 보험 상품이 많이 나왔다. 하지만 아직까지 강아지 의료비에 대해 보험 적용이 안 되는 경우가 많다. 강아지가 다칠 수 있는 여러 경우의 수로 인해 보험에 반영이 되는 속도가 늘어나는 강아지 수에 따라오지 못하는 것이다.

최근에 뱀에 물린 강아지를 보았다. 놀란 보호자는 병원에 가야 하나 고민을 하다가, 물린 자국이 부풀어 오르자 상황이 심각하다고 판단했다. 동물 병원에 다녀온 결과 며칠 만에 150만 원이 청구되었다고 한다. 이를 들은 시골에서 강아지를 키웠던 사람은 강아지가 뱀에 물렸을 때 그냥 놔두면 자연적으로 치료된다며 안타까움을 표했다. 이전에 나왔던 사례가 너무 극단적이라, 150만 원이 적게 보일 수 있지만 이 금액을 현실에서 들었을 때 누구라도 황당할 것이다.

우리 사회는 강아지에게 책임을 다하라고 도덕적으로 말을 하지만 이런 상황을 현실로 부딪혔을 때 회피하려는 경향이 나타난다. 특히 시골에서는 강아지가 뱀에 물리는 경우를 종종 볼 수 있는데, 대부분의 경우 큰 문제없이 지나갈 수 있다는 말을 들으면 비용을 쓰지 않고 상황을 종료시키고 싶은 충동이 강하게 들 것이다. 지출에 대해 전혀 예상을 하지 않다가, 갑작스럽게 지불해야 하는 비용에 맞닥뜨리면 큰 부담이 느껴진다. 강아지와 함께 사는 사람이 의무적으로 의료 보험을 들게 한다면, 강아지가 다쳤을 때 보호자의 책임과 의무를 다할 수 있게 도와줄 수 있는 장치가 될 것이다.

세금은 강아지 복지에도 쓰일 수 있다. 현재 강아지 놀이터는 국가가 운영하는 곳이 있고, 사설로 운영하는 곳이 있다. 국가가 운영하는 강아지 놀이터는 건설 단계부터 많은 찬반 논쟁에 부딪힌다. 나는 강아지를 키우지도 않는데 내가 내는 세금을 낭비하고 싶지 않다, 냄새난다, 시끄럽다 등 여러 반대 의견이 있다. 하지만 서울 한복판에서 사적으로 강아지 운동장을 운영하기에는 막대한 자본이 필요하며, 그만큼 거대한 수익을 내기 힘든 구조이기에 사기업에 의존

하기에는 한계가 있다.

지방에 가면 문제는 더 심각해진다. 강아지 인구가 수도권에 몰려 있어서인지 서울 경기를 제외한 지역은 강아지가 뛰어놀 수 있는 곳이 한정되어 있다. 국가에서 운영하는 운동장조차도 찾기 어려워지는 것이다. 한국의 행정수도 세종시는 2021년 기준, 18kg 이상의 롤로가 출입이 가능한 장소는 단 두 군데밖에 없다. 이마저도 사립으로 운영이 되고 있는 실정이다. 운영이 된다고 다는 아니다. 강아지 운동장에 가도 높은 확률로 친구 강아지를 찾기 힘들다. 강아지끼리 놀면서 매너교육을 터득하고, 스트레스를 풀 시간이 필요하지만 지방에서 사립 강아지 운동장에 가면 리드 줄 없이 띌 수 있다는 사실 하나에만 감사해야 하는 경우가 많다.

강아지를 키우는 사람이 세금을 내고, 공립 강아지 운동장 등 혜택을 받을 수 있으면 보다 공존할 수 있는 사회가 될 수 있을 것이라 생각이 든다. 공립 강아지 운동장 이용은 무료다. 반면 사립 운동장을 이용할 경우 2인 1견 기준, 평균 3만 원 가량이 든다. 운동장을 이용하는 진입장벽을 낮춰 강아지끼리 만날 수 있도록, 그곳에서 사회화를 배울 수 있도록, 배운 사회화 성향을 유지할 수 있도록, 집에 돌아와서 낯선 사람이나 강아지에게 보다 친절한 행동을 할 수 있도록 한다면 반려인과 비반려인이 공존할 수 있는 충분한 토대가 되지 않을까?

내 강아지는 도시에 삽니다

강아지 세금으로 운영되면 좋을 사용처가 한군데 더 있다. 바로 강아지 입양 자격이 있는 사람인지 검증하고, 예비 보호자를 교육하는 예산이다. 강아지 입양 전, 보호 희망자가 강아지를 데려가기 전에 여러 교육과정과 시험을 거치게 한다면 입양 후 불우한 강아지는 볼 수 없게 될 것이다. 강아지 행동에 대한 이해심을 높여 갈등을 줄일 수 있는 것이다. 강아지 학대나 유기를 막고 개 물림 사고방지에 도움이 될 것으로 생각한다. 강아지에 세금을 부과한다면 여러 곳에 예산이 쓰일 수 있으며, 이는 궁극적으로 반려인을 넘어 비반려인에게까지 긍정적인 영향을 끼칠 것이다.

TIP --

펫숍, 경매장, 농장에 대해 외면하고 싶은 사실

기존 반려견 농장은 개들이 흔히 말하는 철로 된 뜬장(바닥까지 철조망으로 엮어 배설물이 그 사이로 떨어지도록 만든 개의 장. 바닥이 땅에 떠 있어서 나온 말)에서 생활하고 평생 새끼를 낳게 했습니다. 그 새끼는 경매장을 통해 펫숍에 왔지요. 당시 우리나라 문화에서 농장과 경매장은 공무원들이 봤을 때 너무나도 당연한 모습이고 이상하다 생각하지 않았습니다. (돼지, 소, 닭 마냥) 다만 그 과정에서 병든 아이들이 많았는데 펫숍의 초창기에 그런 강아지들을 분양하며 사기행각으로 장사하는 곳들이 많아져 펫숍에 대한 인식이 안 좋아지기 시작했죠.

근 몇 년 사이에 반려문화에 대한 인식이 바뀌면서(급격하게 성장한 우리나라 경제도 한 몫을 했다) 일반 농장에 대한 인식이 달라지고 법제도가 달라지는 상황으로까지 오게 되었죠. 덕분에 많은 농장이 어느 정도 개선을 하게 되었고 경매장을 거쳐 펫숍에 그나마 멀쩡한 강아지들이 들어오게 되었죠.

하지만 여전히 강아지 분양이 돈이 된다는 생각으로 거짓말을 일삼는 펫숍이 많은 것이 사실입니다. 이런 상황을 바꾸기 위해 "사지 말고 입양하세요"라는 입양 유도 홍보로 문화를 바꾸려 하고 있으나 쉽지 않은 상황입니다.

사실 현재 바뀐 법규로 인해 많은 것이 변화됐으나 조금 더 좋은 문화와 건강한 강아지를 위해 시행 중인 다른 이력제처럼 정확한 이력을 남겨둘 수 있다면 현재의 문제 상황은 더 좋아지지 않을까라는 생각을 합니다. 다만 생명의 특성상 어느 누구도 한 강아지가 건강상으로 100% 문제가 없다고 하기에는 어렵습니다만, 농장의 환경만 좋아져도 우리가 건강한 강아지를 만날 확률이 높아진다고 봅니다.

경매장은 단지 중간 단계로, 농장과 펫숍 간의 연결고리 역할입니다. 하지만 단순히 연결만 해주는 것이 아니고 이 경매장에 개를 데리고 오는 농장들에게 이력만 확실히 요구할 수 있는 권한과 책임을 준다면 훨씬 건강한 반려견들이 나오지 않을까 합니다.

반려견 시장은 지금도 계속 발전하고 있다고 생각합니다. 그 과정에서 생길 수 있는 여러 문제들도 있겠으나 법제도의 정비를 통해서 충분히 해결이 가능하다 생각합니다. 우선은 동물 등록부터 시작하고 반려인들에 대한 책임과 의무에 대한 교육적인 부분도 조금씩 바꿔나간다면 앞으로 반려문화는 더욱 좋아질 것이라 생각합니다.

꼭 사회화를 시키는 게 답이 아닐 수도

여태 사회화가 중요하다고 말해놓고 제목은 왜 이렇게 썼는지 의아해할 수도 있다. 유난히 태생이 예민하고, 경계심이 많지만, 또 유기되는 숫자가 많기도 하고 입양률이 높은 편인 진돗개의 경우 한 번 사회화가 되었다고 해서 유지가 아니라, 끊임없이 리셋되기 때문에 같은 강도의 노력을 꾸준히 해야 하는 경우가 빈번하다. 필자 역시 진도코기인 롤로의 사회화를 위해 노력을 많이 했음에도 불구하고 덩치 큰 성인 남자 중 랜덤하게 경계 태세에 들어가는 롤로를 보면서 진돗개 키우기가 참 힘들다는 생각을 하곤 한다. 특히 친오빠가 롤로를 향해 손을 내밀 때 롤로 경계 태세의 최고 단계인 으르렁거리는 모습을 보고 마음이 좋지 않았다.

야생의 진도 강아지를 입양했던 곳이 있다. 여기는 특이하게도, 개인이 입양한 것이 아니라 기관에서 입양을 했다. 강아지는 기관의 사무실로 출퇴근하며 시간을 보냈다. 여기는 여러 사람이 돌아가며 강아지를 돌보는 시스템인데, 사무실에 있을 때는 산책이 주 일과다. 집에서 재우며 강아지 출퇴근 봉사를 하는 사람도 있었다. 강아지를 돌보기 위해 이곳의 직장인이 모이는 오픈 채팅방이 생겼다. 그 규모는 50명 정도 인원으로 꽤 크다. 구글 스프레드 시트를 통해 오늘 누가 산책을 시켰는지, 병원에 가서 뭐했는지 등을 공유한다. 사료나 병원비는 그 오픈 채팅방에서 후원을 받아서 운영 중이다. 강아지 집은 근처 공방의 목수가 만들어줬다. 목수 사무실에는 친구 강아지가 머물고 있는데, 야생이었던 진돗개는 현재 많은 사람의 사랑을 받으며 살고 있다.

이 강아지는 진돗개 특성이 그대로 묻어나는지 익숙하지 않은 사람에게는 짖었다. 그 기관은 어린이 교육을 실행하는 업무를 하고, 사람들의 방문이 잦은 곳이었지만 강아지에게 그런 환경은 여전히 익숙해지지 않았다.

그 강아지는 진도 믹스로, 10킬로그램 정도의 몸무게를 가졌다. 강아지를 돌봐주는 자원봉사자들은 출근 장소에서 강아지를 만나며 업무 스트레스 해소와 힐링을 할 수 있다고 했다. 이 강아지는 비록 개인에게 입양을 가진 못했으나, 강아지를 돌봐주는 여러 사람의 일상에 녹아들어서 가족 같은 관계가 되었다. 이들은 출퇴근하며 강아지랑 만날 수 있기에 실시간으로 강아지 상태를 확인할 수 있어서 좋다고 했다. 같이 보내는 시간이 많아서 유대관계 형성이 잘되며, 강아지가 외롭지 않다는 장점 때문에 행복하다고 했다. 또, 정기적으로 산책 봉사를 해주시는 분들이 많기 때문에 비록 실내 배변을 하지 않는 강아지라도 배변 문제로 걱정할 필요가 없어서 좋다고도 했다.

강아지를 돌봐주는 사람들 중, 집에서 몰티즈를 키우는 사람이 있었다. 이 몰티즈를 CCTV로 지켜보았는데, 하루 종일 잠을 자다가 우우우~ 우는 분리불안이 있는 것을 발견했다. 다행히 사람들과 항상 같이 붙어 있는 유기견 출신의 이 진도 강아지는 분리불안의 문제는 없었다.

비록 진돗개지만, 비교적 작은 몸체를 가지고 있는 녀석이었기에 가방에 넣어서 대중교통을 탈 수 있어 봉사자들은 편하게 이동할 수가 있었다. 다만 버스는 기사가 바로 앞에 있어 민원 때문에 가방 문을 꼭 잠가 달라고 부탁을 많이 받아 눈치가 보이고, 지하철이 비교적 편한 편이다.

기업체가 입주해 있는 사무실 근처의 다른 사람들 반응은 우호적인 사람도 있고 아닌 사람도 있으나 크게 신경 쓰지 않는 편이기에 아직까지는 다행이다. 다만, 강아지의 타고난 기질이 사람을 가려 문제였다. 예민한 성격으로 타고났는데 이곳의 환경상 사람이 너무 많아서 오히려 더 예민해진 것이다. 천천히 쌓아가는 유대관계가 필요한데, 낯선 사람과는 그게 힘들었다. 강아지가 예민하니까 사무실에 불쑥 방문하는 손님을 공격하지 않도록 묶어둬야 했다. 언제 돌발사고가 일어날지 모르기 때문이다. 경계하고, 묶이고의 연결고리가 무한 반복되면서 상황은 점점 악화되는 것 같았다.

강아지에게는 이미 회사가 집이 되었다. 본능적으로 집을 지키려 하기에 경계하고 멍멍 짖기도 한다. 택배기사 등 낯선 사람이 많이 오는데 특히 아저씨들에게 경계를 심하게 한다. 이렇게 낯선 손님이 방문하면 계속 짖어서 강아지도, 사람도 스트레스를 받는 상황이 생겼다. 어린아이들이 방문할 경우는 더 심하다. 어린아이와 강아지, 서로 언제 돌발 상황을 만들지 예측하기 어려워서이다. 어린아이는 강아지를 대하는 법을 잘 모르기에 강아지 쪽도 스트레스를 많이 받는다.

이런 강아지를 보며 직원은 생각했다. 이 강아지의 성향은 적은 숫자의 친구들과 지내면서 낯선 환경이나 사람에 노출되는 것을 지양하는 편이기에, 회사에서 이 강아지가 행복할까에 대한 고민이 생겨난 것이다. 타고난 기질을 바꾸는 것은 참 어렵기에 고민은 쉽게 해결되지 않았다. 어느 훈련사는 농담처럼 기질을 바꾸는 것은 사람으로 따지면 혈액형을 바꾸는 것과 비슷하다고 말할 정도다. 이에 대한 답은 아무도 내릴 수 없지만, 강아지의 성향을 잘 파악해서 복지를 하는 게 좋은 것 같다는 생각을 할 수밖에 없었다. 대화 소통이 잘 안 되니 강아지의 입장에서 내가 더 이해를 많이 해야 한다는 것이다. 강아지와 소통함에 있어 무조건적인 복종 훈련은 지양하고, 강아지가 보내는 시그널을 아는 것이 그 첫 단추였다.

강아지가 선호하는 집 안 환경

강아지랑 함께함에 있어 사람들이 많이 고려하는 요소 중 하나는 털 관련 이슈다. 털이 자주 빠지지는 않는지, 자주 엉켜서 미용을 해줘야 하는지가 중요하다. 정기적으로 부지런하게, 15년이 넘는 강아지의 일생 동안 감당해야 하는 사안이기 때문이다.

털이 잘 빠지는 편인 롤로의 예를 들어보려고 한다. 롤로는 정기적으로 빗어주는 것을 하지 않으면 몸이 답답한지 몸을 긁는 습관이 있다. 심각할 때는 피가 나고 딱지가 앉은 후에도 계속 긁기도 한다. 이빨로 털을 끊어버리는데, 실수로 살을 집으며 상처가 생기는 것이다.

정기적으로 빗어주는 것을 기준으로 한다면, 털은 빗을 때마다 네댓 주먹씩 나온다. 빗어주는 것을 까먹으면 빗이 털을 감당 못 할 정도로 나온다. 장면을 보면 '와 말 그대로 빗이 털을 감당 못하네'라는 생각이 드는데, 상황 설명을 자세히 해보자면 다음과 같다.

빗으로 한 번 등 쪽을 쓸어내리고, 다시 한번 또 쓸면 털이 너무 많이 빠져서 빗이 털을 담을 수 있는 범위를 넘어선다. 무슨 말이냐면, 털이 빗에 차곡차곡 들어가는 게 아니라, 차고 넘쳐서 밖으로 나와서 날아다닌다. 빠져나오는 털을 보면 기가 막힌다. 이 털들이 여태 안 빠져서 몸이 간지러웠나 생각이 절로 든다.

롤로는 빗질을 좋아하는데, 빗질이 적당하다 싶으면 반대쪽도 빗어달라고 알아서 돌아눕는다. 머리 쪽은 살살 빗어주어야 하는데 살살 빗어주는 대로 가만히 있다. 등은 잡히는 대로 빗는데, 가끔 털이 뽑히는지 "어이~ 살살하라고~"라고 하는 것처럼 말을 건다. 두꺼운 목도리를 타고난 롤로의 목은 가장 털이 많이 모여 있는 부위이고, 그만큼 많이 빠진다. 몸 전체를 다 합한 것보다 목털이 더 많을 정도다. 배 쪽은 빗어봤자 털이 너무 짧아 빠지지 않는다. 빗는 의미는 없지만 살살 빗어주면 롤로는 엄청나게 좋아한다.

이렇게 빗질에 대한 개별적인 노하우가 생길 정도로, 강아지의 털 관리는 함께 살아가는 데에 있어 큰 이슈가 된다.

강아지 털 관리는 크게 두 종류로 나뉜다. 털이 잘 빠지거나, 잘 빠지지 않지만 털이 잘 엉켜서 꾸준히 관리를 해줘야 하는 부류다. 털이 잘 빠지지 않는 경우 털 관리에 시간이 많이 들어가고, 털이 잘 빠지는 종류의 경우 집을 청소하는데 몇 배의 노력이 필요하다. 즉, 어느 강아지를 입양하게 되더라도 털과의 전쟁은 피할 수 없는 숙명적인 것이다.

강아지 털을 정기적으로 빗어준다고 해도 털 날림이 심한 강아지들과 사는 집에서는 옷가지를 땅바닥에 놓지 못한다는 각오를 해야 한다. 필자의 집 경우, 깔끔을 유지하려고 노력하는 편이지만, 집 안에서 양말을 신고 다닐 수 없을 정도로 롤로의 털이 늘 널려 있다. 청소를 정기적으로 하는 것이 중요한데, 털과 함께 태어난 강아지조차 털을 자주 먹게 되면 본능적으로 기침을 해서 털을 몸 밖으로 내보내려고 한다. 같이 사는 사람도 당연히, 건강에 큰 영향을 받는다. 진드기 제거제 등 항균제도 주기적으로 사용해야 하며 눈에 보이지 않는 부분까지도 신경을 써야 한다.

털 관리를 한다고 해서 목욕을 자주 시켜주는 것이 좋은 행위인지는 잘 모르겠다. 롤로는 목욕을 하고 나오면 꼭 자기 몸을 정성스럽게 핥는다. 심지어 내가 목욕을 하고 나와도 나를 핥아준다. 자꾸 익숙한 냄새를 묻히려는 건지, 뭐가 묻었다는 건지 정확한 의미를 알기 어렵지만 목욕하기 전 냄새로 돌리기 위해, 또는 물기를 빨리 없애기 위해 핥아주는 느낌이다. 목욕을 자주 하지 않더라도, 대부분의 강아지는 자주 자기의 발을 핥으며 최소한의 청결을 유지하는 편이다.

털 관리와 함께 청결이 중요한 부분은 배변 관리다. 특히, 실내에서 배변을 하는 강아지들은 자주 치워주면서 집 안에서 냄새가 나지 않게 해야 한다. 그렇지 않으면 배변 패드 밖 다른 곳에 용변을 보게 되던가, 심지어 자기 몸에 용변을 묻히고 다니기도 해서다. 차라리 산책을 자주 나가서 실외 배변을 유도한다면 바로바로 배변을 치우게 되고, 강아지 본능에도 더 잘 맞는 행위이기 때문에 롤로는 실외 배변을 하고 있다. 하지만 여건이 따라주지 않는 경우가 있기에 보호자의 상황과 반려견의 성향에 맞는 배변 교육을 하는 것을 추천한다.

TIP --

실내 배변과 실외 배변에 대한 선택

아직 완전히 자신의 집이라고 생각을 못 하거나 특정 구역만 집이라고 생각하고 영역 표시를 위해 마킹할 수 있습니다. 특히 집에 들어온 초창기에 잦은 배변 실수로, 집 안 곳곳에 냄새가 스며들어 있다면 시간이 지나도 계속 마킹할 수 있습니다. (반려견의 소변 냄새는 생각하는 이상으로 굉장히 오래 깊숙이 스며들어 있습니다.) 그리고 스트레스를 많이 받았거나 분리불안 등 심리적으로 안정적이지 못할 때에도 실수할 수 있습니다. 또 수컷의 경우 본능으로 인해 마킹을 할 수도 있습니다. 반려견이 정서적으로 안정적일 수 있고 욕구를 충분히 해소할 수 있도록 교육이 필요하고 산책을 할 때 단순히 걷다 오는 게 아니라 다양한 곳을 돌아다니며 냄새를 맡게 해주고 마킹할 수 있도록 해줘야 합니다. 꾸준히 어렸을 때부터 배변 교육을 해서 집 안에 냄새가 배지 않도록 하는 것이 중요합니다.

실내 배변과 실외 배변에 대한 판단은 키우는 사람마다의 가치관에 따라 달라지는 것 같습니다. 어떤 것이 반려견한테 더 좋으냐고 한다면 당연히 실외 배변일 것입니다. 하지만 이 사회에서 살아가는 반려견에게 그 부분은, 100% 충족시키기 어려운 부분입니다. 사람 개개인의 생활환경에 따라서 너무도 달라지기 때문이에요.

문제는 그것을 누군가에게 강요를 하기 때문에 생기는 것인데요. 어떤 사람은 실외 배변을 할 경우 개의 야생성을 키우기 때문에 물림 사고 등이 더 많이 발생할 수 있다고 합니다. 어떤 사람은 실내 배변을 할 경우, 개의 성향을 억지로 바꾸려 하는 것으로, 개에게 큰 스트레스와 변화를 주게 된다고 하죠. 사실 어떤 것에도 과학적으로 증명된 것은 없습니다.

실내 배변이든 실외 배변이든 각각 장단점이 있는 것 같습니다. 사람 사회에서, 개와 사람이 같이 살아가는 과정에서 서로의 장단점을 해소할 수 있는 정답을, 보호자가 실행할 수 있다면 충분히 문제없이 넘어갈 수 있는 부분이지만, 둘 중 한 가지를 추천한다고 했을 때 어느 부류든 극단적으로 얘기하는 사람들이 있습니다. 중요한 것은 어

떤 것도, 앞서 얘기처럼 증명된 건 없기에 이것을 해야 한다고 극단

적으로 강요하지 않는 것입니다.

내 강아지는 도시에 삽니다

강아지의 생활 규칙을 배워보자

앞서, '우리 집에 부정적인 상황은 없다' 편에서 강아지가 하는 행동에는 이유가 있다고 언급했다. 배변을 잘하다가 갑자기 배변 실수를 하거나, 리드 줄을 잘 가지고 오다가, 갑자기 안 가지고 오는 때 등의 실제 사례를 들었다. 강아지가 겉으로 표현하는 행동에 대해서만 생각할 것이 아니라, 행동의 근본 원인을 생각해서 방법을 찾아야 한다는 뜻이다.

다만 우리는, 도시라는 공동체에 살고 있으며 유기적으로 공생하고 있다. 지구라는 둥근 세상 속에서 서로를 배려하고, 협조적인 모습을 보이며 살아가는 것이 기본이다. 이것이 깨진다면 사람 사이에서는 범죄로, 사람과 강아지, 강아지와 강아지 사이에서는 사건사고로 나타난다.

따라서 우리는 규칙이란 것이 있다. 강아지도 마찬가지다. 오히려 우리는 규칙적인 생활을 좋아한다. 이를 통해 앞으로 어떤 일이 벌어질 수 있을지 예상할 수 있고, 안전하다고 느낀다. 우리가 시작할 수 있는 첫 번째 규칙은 같은 장소에서 밥을 먹고 자는 것이다.

강아지는 익숙했던 곳을 떠나면 불안해한다. 사람보다 더 예민하게 받아들인다. 롤로와 살면서 이사를 했는데, 살던 곳을 떠나 새 집에서 맞이한 첫날이었다. 이사 오기 전에 새 집에 몇 번 와봤지만 차에서 내리자마자 낯선 곳에 대한 두려움인지 낑낑댔는데 이사를 했다는 것을 알아서 그런 것인지 롤로가 안쓰러웠다. 자신에게는 고향과 다름없는 집을 떠나오는 게 쉽지는 않았나 보다. 이사 스트레스를 줄이기 위해 몇 차례 미리 집에 와서 장난감으로 놀기도 하고 간식도 땅에 뿌려주고 했지만 이 집이 편해지기에는 부족했던 것 같다.

최대한 예전 살던 집의 느낌을 주기 위해, 우선 전에 살던 집에서 잘 가지고 놀던 장난감들을 여기저기에 놓고, 롤로가 잠잘 때 쓰던 수건과 방석을 침대 옆에 놔둔 후에 동네 탐방할 겸 산책을 나갔다. 롤로는 새 냄새 맡느라 바쁘다.

이사 온 집 앞에 하천을 낀 좋은 산책로가 있다. 건물들 사이를 산책하는 것보다는 롤로가 더 좋아할 것 같아서 여기로 이사를 왔는데 같이 갔더니 역시 좋아하는 것 같다. 하천을 따라 끝이 안 보이는 산책로를 최대한 빠른 속도로 달리면서 표정이 밝아지는 것이, 역시 달래주기에는 산책이 최고인 것 같았다.

　집에 와서 늘 먹던 그릇에 담은 밥을 먹고 피곤해졌는지 금세 잠을 잔다. 며칠 동안은 새 집에 잘 적응할 수 있도록 신경 써서 보살펴줘야겠다는 생각을 했다.

　강아지에게 안정감을 줄 수 있는 두 번째 규칙은 같은 시간에 자고 일어나는 것이다. 예를 들어, 아침 8시에 강아지와 산책을 하고, 점심시간인 12시에 간식을 먹인 후 같이 놀다가 낮잠을 자는 사람이 있다. 이 사람의 강아지는 꼭 오후 4시에 같이 놀아달라고 조른다고 한다. 이런 이유는 결국, 강아지는 규칙적인 일상 속에서 안정감을 느끼고 좋아하기 때문이다.

　언제 밥을 먹을지, 언제 잠에 빠질지, 언제 사람들이 활동할지 아는 강아지는 그 규칙을 따른다. 이곳에서 살아남기 위해 규칙에 적응하는 것이 아니라, 규칙이 있는 곳이기에 안정감을 느끼고 그것을 지키려고 하는 것이다. 산책을 매우 좋아하는 롤로도, 평소대로라면 자야 할 새벽 시간에 산책 가자고 하면 귀찮아할 때가 종종 있다. 졸린 상황에서 내가 "산책 가자!"고 하면 못 들은 척한다. 더 잘 알아들으라고 "산.책." 또박또박 말해주면 가까스로 눈만 떠서 필자를 쳐다본다. 몇 번을 더 외쳐야 겨우 롤로는 일어나, 터덜터덜 산책 갈 준비를 한다. 롤로가 리드 줄을 가지고 오는 시간을 이용해 내가 다른 것에 한눈팔고 있으면, 자기도 사실은 안 나가고 싶었다는 듯 털썩 주저앉아 있다. 이렇게 자신의 삶에 있어 행복을 줄 수 있는 주요 수단인 산책보다, 평소에 활동하던 시간을 지켜야 한다는 규칙이 더 중요하게 작용될 때가 있다.

세 번째 규칙은, 강아지와 사람 간에 지킬 예의에 대한 약속이다. 내가 식사할 때는 강아지에게 음식을 나눠주지 않아야 한다. 필자 역시 '이건 고기니까 나눠줘도 되지 않을까'라는 생각이 든 적이 많았던 것이 사실이지만, 한 번 나눠주기 시작하면 강아지는 사랑스러운 눈빛 발사 스킬을 저절로 터득하게 된다. 그래서 점점 내가 식사할 때, 강아지도 같이 음식을 나눠 먹기를 기대하게 되는데 이 행동이 심화된다면 소리를 내거나, 점핑하는 등 보다 더 적극적으로 변할 수 있다. 그렇게 되면 강아지랑 동반 가능한 곳에 갈 때도 난감해지기 마련이다. 즉, 강아지와 외출을 하면서 강아지의 행동에 대해 불편함을 느끼기 시작하면, 동반 외출을 점점 꺼리게 된다. 이에 따라 활동할 수 있는 범위가 좁아질 수 있고, 이는 사회화 하락으로 악순환 고리를 생성하게 된다.

식사 시간이 아닐 때, 내가 먹었던 고기를 남겨서 나눠주면 어떨까라는 생각도 종종 든다. 이 경우 강아지는 신세계를 경험하게 되는데, 강아지가 일반적으로 먹던 것에 비해 너무 맛있는 음식을 먹게 되기 때문이다. 이렇게 된다면 강아지는 사람이 먹는 음식을 찾아 식탁 위에 올라가거나, 쓰레기통을 뒤지는 등, 내가 원하지 않는 행동을 할 수 있다. 이는 강아지를 혼내는 행위로 이어질 수 있으니, 처음부터 사람이 먹는 음식을 나눠주지 않음으로써 근본 원인을 차단해야 한다.

참고로 삶은 달걀, 고구마 등 사람과 강아지가 공통적으로 먹을 수 있는 음식은 애매하긴 하지만, 적어도 내가 먹고 있는 모습을 보았을 때는 나눠주지 않는 것이 좋겠다. 강아지에게 간식을 주려고 할 때, 주위를 빙글빙글 돌거나 보채면 간식을 주지 않는 습관도 좋다. 강아지가 차분히 앉아서 기다리면 간식이 나온다는 사실을 알게 된다면, 강아지와 함께 외출했을 때 훨씬 수월하게 통제가 된다.

롤로의 경우 신호등을 기다리고 있는데, 뒤에서 롤로만 한 진돗개를 만났던 경험이 있다. 개가 사납게 짖어서 롤로가 그 개를 모른 척하기를 바랐다. 왜냐하면 롤로는 자기보다 덩치가 큰 강아지를 위협적으로 생각하는데, 자기를 지키기 위한 수단으로 으르렁거리기 때문이다. 이는 상대를 자극해 싸움으로 번질 수 있기 때문에 둘이 직접적으로 마주치는 상황을 피하고 싶었다. 하지만 같은 신호등을 기다리는 입장에서, 자리를 옮기기 쉽지 않았다. 걱정은 길지 않았다. 문제는 간식을 통해 간단히 해결됐다. 간식을 손에 들고 롤로를 부르자 바로 효과가 있었다. 롤로는 놀랍게도 간식에만 집중한 채 예쁘게 앉아서 나만 바라봤다. 간식에 집중하던 시간 동안은, 주위에 다른 강아지가 없는 것처럼 행동해 주었다.

네 번째 규칙은 두 번째 규칙에서 심화된 버전으로, 루틴을 지키는 것이다. 강아지가 루틴을 어느 정도로 좋아하느냐면, 롤로는 밥 먹을 때도 자기만의 방식을 만드는 편이다. 밥그릇에 사료를 부어주면 사료통을 한 번 핥아주고, 밥그릇 냄새를 맡은 뒤 한 알씩 조심스럽게 꺼내먹는다. 사료가 이상이 없는 것을 확인하면 그때부터 한 움큼씩 집어먹는다.

강아지 스스로 언제 밥을 먹을지 정하는 자율배식도 있다. 장점으로는 양을 조절할 수 있는 강아지의 경우, 스스로 적당한 양을 조절해 급식이 가능하고 보호자가 신경 쓰는 일이 한 가지 줄어든다는 점이다. 밥그릇에 부어놓기만 하면 강아지가 알아서 시간과 양을 조절해서 먹을 수 있다. 단점으로는 여름에 사료가 눅눅해지고, 밥에 대한 애착이 떨어져서 보호자가 음식으로 강아지를 유혹할 때 그 강도가 떨어진다는 것이다. 하지만 양을 조절하지 못해 정량 이상을 먹는 강아지에겐 자율 배식이 위험할 수 있다. 살이 과도하게 쪄서 관련 질병이 오거나, 자칫 생명에 위험신호가 올 수 있다. 자율배식을 진행하고자 할 경우 강아지의 성향을 정확히 파악해야 한다.

마지막 규칙은 우리가 함께 고민해야 하는 것이다. 강아지는 익숙한 사람, 친구, 사물에 둘러싸여 있는 것을 편하게 생각한다. 새로운 것을 마주하는 것은 가지고 있던 나름의 작은 규칙에 새로운 규칙을 만들어야 하는 과정이기에 강아지에게 힘든 과정이 될 수 있다.

하지만 강아지의 사회성을 위해서는 계속 새로운 것을 받아들이는 연습을 통해 낯선 감각에도 무뎌질 수 있는 훈련이 필요한 것 같다.

평소의 롤로는 덩치가 큰 사람을 무서워한다. 무서우면 짖는다. 무서워하는 대상이 자신을 향해 손을 뻗으면 금방이라도 물것처럼 으르렁 소리를 낸다. 어느 날 평화로운 필자의 집에 덩치 큰 사람이 찾아왔다. 일주일 전, 개발자랑 합숙하며 새 프로젝트를 했을 때의 이야기다. 사실 롤로는 개발자를 본 적이 있었다. 너무 어렸을 때, 딱 한 번 봤기 때문에 기억을 못 할 뿐이었다. 개발자는 롤로에게 냄새를 맡으라며 손을 뻗었지만, 롤로는 안전거리 안으로 손이 들어오니 더 경계의 태세를 갖췄다.

개발자가 다른 곳으로 이동하자 롤로도 으르렁을 멈췄다. 잠시 있다가 먹을 것을 주자 롤로는 다리를 뒤로 쭉 뺀 채 최대한으로 경계 하며 간식을 먹었다. 그날 저녁, 개발자와 롤로는 나름 친해졌다. 롤로는 개발자가 등을 쓰다듬는 것을 허락했다.

다음날 아침, 롤로가 깜짝 놀랐다. 낯선 덩치를 보자 또 으르렁거렸다. 어제 친해진 것은 다 까먹은 듯했다. 낮이 되고 저녁이 되자 둘은 친해졌다. 롤로가 적정 거리를 두고 배를 보이며 뒹굴거리는 모습을 자주 보였다. 세 번째 날 아침에도 롤로는 경계했다. 다만 이번에는 조금 더 조용히 경계를 했다. 낮과 저녁에는 전날처럼 적정 거리를 유지한 채 뒹굴거렸다. 네 번째 날, 롤로는 개발자와 단둘이 있었다. 다른 사람들이 모두 출장이라며 집을 비웠기 때문이다. 롤로는 개발자에게 의지하기 시작했다. 사실 새로 이사 온 집은 이전에 살던 곳보다 4배나 컸고, 아직 이 크기에 적응이 되지 않아 꽤 무서운 느 낌이 들기 때문이다. 텅 빈 듯한 공간에서 자기를 지켜줄 사람은 그 개발자밖에 없었다. 그래서 개발자에게 으르렁거리질 않았다. 대신 개발자의 방에 들어가서 잠을 잤다. 다섯 번째 날 아침에는 롤로가 으르렁거리는 것을 멈췄다. 대신 개발자를 졸졸 따라다니며 그 근처 에서 휴식을 취했다. 아쉽게도 개발자는 다섯 번째 날에 떠났다. 단 기 프로젝트가 끝난 것이다.

롤로는 주위의 무언가가 바뀌면 아주 예리하게 바뀐 부분을 캐 치해내는 능력이 있다. 새로 이사 온 집에서는 가끔 엘리베이터를 탄 다. 롤로는 엘리베이터 타는 데에 익숙해서 아무렇지도 않게 타고 내 릴 줄 아는 도시견이다. 어느 날, 엘리베이터 안에 정체 모를 공이 있 었다. 롤로도 엘리베이터 안에 공이 있는 것은 이상한 일임을 알고 있다. 롤로가 공을 발견하고는 엄청 경계하며 가장 멀리에서 바라만 봤다.

다음날 엘리베이터에 있던 공은 온데간데없이 사라졌다. 그렇 게 롤로의 일상은 보통으로 돌아왔다. 엘리베이터는 꼭 보호자하고 만 타야 하는 것이며, 공간 안에는 다른 사람이나 물건이 없는 일상 이었다. 며칠 후, 공이 다시 돌아왔다. 두 번째 마주침의 날이다. 자기도 그 공을 기억하는지 이제는 주위 냄새를 맡았다. 뒷다리를 쭉 뻗어서 엄청 경계하며 냄새를 맡았다. 그렇게 공과 천천히 친해지는 롤로였지만, 그날 이후로 공은 보이지 않았다.

롤로가 예리하게 캐치할 수 있는 것은 엘리베이터 안의 공뿐만이 아니다. 심지어 집 앞에 주차되어 있는 자전거가 바뀐 것도 안다. 나는 매일 사람들이 타고 다니며 자전거가 새로 바뀌는 줄 알았는데, 롤로가 이 자전거는 처음 본다며 다가가서 냄새를 맡았을 때 나도 낯선 자전거임을 인지했다. 이전에 익숙하게 보던 그림이 아니었던 것이다.

새로운 것이 있다고 알아채는 롤로의 능력은 신기하고, 뛰어나다. 이는 진돗개의 성향이 강해서인 것 같다. 문제는 매일 산책을 최소 두 번씩 하고 사람들을 만나도, 커가면서 경계심이 심해진다는 것이다. 독립적으로 살고자 하는 천성과 사람과 함께 살아야 하는 공존의 경계에서 오늘도 싸우고 있는 롤로였다.

 **분리불안의 이유**

독립성이 특히 낮은 견종이 있다.

독립성이 낮은 견종

견종	표기
펨브로크 웰시 코기	Pembroke Welsh Corgi
잉글리시 스프링거 스패니얼	English Springer Spaniel
복서	Boxer
보더콜리	Border Collie
비글	Beagle
바센지	Basenji
댄디 딘몬트 테리어	Dandie Dinmont Terrier
불도그	Bulldog
이탈리안 그레이하운드	Italian Greyhound
요크셔 테리어	Yorkshire terrier

내 강아지는 도시에 삽니다

독립성이 낮을수록 다른 누군가에게 의지하려는 경향이 크기 때문에 분리불안에 쉽게 걸린다. 꼭 위에 언급된 견종이 아니더라도, 분리불안을 가지고 있는 강아지를 종종 본다. 오히려 견종을 떠나서, 집을 오래 비웠을 때 울거나 난리를 치는 강아지가 훨씬 많다.

오래 씹는 간식을 놓고 외출하거나 마음이 편안해지는 자연의 소리나 클래식 음악을 틀어놓거나, 강아지 타깃으로 나온 TV 프로그램을 틀어놓는 것으로 분리불안을 잠시나마 해소하기 위한 노력을 한다. 가끔은 CCTV와 마이크를 설치해놓고, 강아지가 불안해하는 모습이 휴대폰 화면에 나올 때마다 마이크를 통해 달래주는 우를 범하기도 한다. (보호자가 보이지 않는 상황에서 보호자의 목소리가 나오면 강아지는 헷갈려하거나 불안 요소를 증폭시킬 수 있기 때문에 본 방법은 추천하지 않는다.)

이를 통해 일시적으로 강아지가 가지고 있는 분리불안을 해소할 수는 있겠지만, 오래 지속되지는 않는다. 근본적으로 안정감을 주기 위해서는 강아지와 보내는 시간을 오래 만들어야 한다. 대부분의 시간을 같이 보내는 롤로의 경우, 나 혼자의 외출은 롤로의 일탈을 뜻한다. 차마 내가 있을 때 맡아보지 못했던, 그러나 매우 궁금했던 식탁의 냄새를 맡아보기도 하고, 귀찮게 방해하는 사람 없이 꿀잠을 자며 시간을 보낸다. 하지만 강아지와 같이 있는 시간이 많지 않다면, 강아지는 이런 일상에 지쳐 보호자를 끊임없이 찾게 된다.

강아지가 안정감을 누리기 위한 다른 방법으로는, 의지할 수 있는 대상의 숫자를 늘려주어야 한다는 것이다. 유기견을 입양할 때 "가족 구성원이 어떻게 되세요?"라는 질문을 받는 이유는 여기에 있다. 유사시 강아지를 보호할 수 있는 인원이 충분히 있다 혹은 없다는 사실은 강아지도 인식할 수 있다. 자신과 유대관계를 맺고 있는 대상이 충분할 경우, 자신이 가장 좋아하는 보호자가 부재하더라도 자신을 보호할 대상이 있음을 인지하며 심리적으로 안정감을 가질 수 있다.

실제로 롤로도 분리불안을 겪은 적이 있다. 필자가 몇 개월간 집을 비우게 되어, 보호자가 2명에서 1명으로 줄어들었던 때다. 롤로는 '남은 한 명의 보호자가 집을 비우면 나는 금방 죽을 것 같아'라는 듯 분리불안이 생겼다. 남은 보호자가 대부분의 시간을 함께 있어도, 롤로는 단 한 시간의 부재도 힘들어했다.

예전에는 혼자 외출하며 간식 주고 "갔다 올게~" 하면 '그걸 나한테 왜 말함?'이라는 눈빛이었는데, 이때는 "앗 안 돼! 꽤애애애액!" 하면서 최애 간식도 잘 안 먹었다. 입에 물려주면 쩝쩝하면서 핥다가 입맛 돌아서 먹긴 하지만 보호자가 두 명이었을 때와는 확실히 달라진 태도였다.

분리불안이 생긴 롤로는 문을 닫고 나가는 순간 문을 쾅쾅 치면서 끙끙거렸다. 어찌나 안타깝게 소리를 내는지 나갈 때마다 발이 떨어지지 않았다. 평상시에 24시간 붙어 있어도, 3시간 정도 떨어져 있는 것이 30시간으로 느껴지는 듯했다.

하루는 롤로 스스로 문을 잠가버렸던 적도 있었다. 문에는 무릎 정도 높이에 평소에 쓰지 않는 잠금장치가 하나 있고, 그 위에는 일반적으로 쓰는 비밀번호 도어록이 있다. 팔을 위로 뻗으면 내 무릎 정도의 키가 되던 롤로는 자기도 나가겠다며 문을 긁다가, 우연히 평소에 쓰지 않는 잠금장치를 건드린 것이다. 이 잠금장치는 열쇠로 열어야 하는데, 안 쓰던 잠금장치였기에 열쇠가 없었다. 도둑이 되지 않는 이상 이 집의 방범 창문을 분해할 일이 있을 것이라 생각도 못했는데 다른 방법은 없었다.

집에 들어오려는 소리가 들리자 롤로는 끊임없이 끙끙댔다. 늦은 밤에 도둑처럼 식은땀을 흘리며 드라이버를 열심히 돌렸다. 이웃들이 깰까 봐 롤로를 조용히 시키려고 얼굴을 빼꼼 내밀어 "쉿, 쉿" 했으나 희망고문이 되었는지 두 배로 시끄러워졌다. 창문을 열고 들어가니 롤로가 곧 안심이 된 듯 조용해졌다.

이 사건이 있고 나서 분리불안이 심각하다는 생각이 들 무렵, 보호자는 다시 두 명으로 늘어났다. 내가 돌아오고, 의지할 수 있는 사람이 두 명으로 회복되니 롤로의 마음도 다시 튼튼해졌다. 이젠 누가 나가도 5초 동안 끙끙거리거나 상관하지 않고 자러 간다.

사람이 많으면 강아지도 더 안정감을 느낀다는 사실은 본가에 가면서 더 크게 느껴졌다. 그곳에는 롤로가 믿고 의지할 수 있는 사람이 세 명이나 더 있다. 며칠 동안 본가에서 여러 명한테 예쁨을 받아서인지 집에서 내가 나가도 롤로는 별 아쉬움 없이 그냥 그 자리에 누워 있다. 롤로는 확실히 여러 사람과 있을 때 더 행복해하는 것 같다.

TIP

보호자와 같이 있는 시간이 많아도 분리불안이 온다

강아지를 항상 예뻐해주기만 하고 모든 행동을 포용해주며 항상 품에 안고 다니는 등의 과잉보호를 줄여야 하고, 규칙적인 운동, 다양한 경험 (보호자와 떨어져 있는 경험도 포함), 간식 등의 보상을 쟁취해서 성취감을 느끼게 해주는 것이 좋은 방법입니다.

반려견을 너무 예뻐해서 혼자 외로울까 봐, 심심할까 봐 이것저것 간식과 장난감을 많이 주거나, 나갔다 돌아왔을 때 격하게 반겨주는 행동들이 정작 반려견의 분리불안을 더욱 커지게 합니다.

집 안에 같이 머물면서 반려견이 혼자 쉴 수 있게 가만히 놔두는 것도 방법이 될 수 있어요. 또는 보호자가 무언가를 하려 할 때 반려견이 놀자고 하거나 주변에 있으려 할 때 떼어놓는 것도(방 안에 들어가서 일을 한다거나) 좋은 방법이 될 수 있습니다.

집 안에서 보호자가 무언가를 하고 있을 때 항상 반려견을 주변에 계속 있게 한다거나 하다 보면 반려견은 점점 더 보호자의 곁을 떠나는 것에 대해 두려움이나 어려움을 느낄 수 있습니다.

직장인이고, 강아지는 잘 키워요

어느 겨울, 날씨에 상관없이 매일 강아지랑 밖에 나오는 분과 인터뷰를 했다.

Q. 강아지를 어떻게 키우고 계신가요?

저희 집 강아지는 포메라니안 인데, 부모님과 저, 세 명이 키우고 있어요. 스케줄을 공유하며 강아지를 집에 3시간 이상 혼자 두지는 않아요. 아버지도 은퇴하시고 어머니도 일을 쉬셔서 시간이 많으세요. 보통 하루 2시간에서 3시간 정도 산책하는 것 같아요. 비 오거나 너무 놀고 싶어 하는 날, 혹은 세분 모두 케어하기 힘든 날에는 강아지 유치원에 보내요. 적어도 한 달에 4번은 가게 되더라고요.

강아지 유치원에 가면 훈련, 간식 찾는 놀이, 산책 등등 다양한 활동을 해서 좋아요. 특히 유치원 대표님이 아는 분이라서 믿고 맡길 수 있어요. 지금은 사고 걱정을 안 해도 되는데, 이런 이유로 다른 곳은 못 보낼 것 같아요.

Q. 강아지를 키우며 불편한 점이 있나요?

아파트에 강아지를 무서워하는 사람이 많아요. 예를 들어 소리 지르는 사람이 있는데 이런 신경질적인 반응은 강아지도, 사람도 깜짝 놀라기 때문에 조심해야 해요.

강아지를 보고 징그럽다는 분도 계시고, 특히 개 물림 사망 사고로 뉴스가 떠들썩한 시기에는 저희 집 강아지도 피해 가는 사람이 급증했었어요.

Q. 강아지와 외출을 자주 하시는데, 좋은 점이 있나요?

평소에 강아지랑 다니면 좋은 점은 없어요. 오히려 강아지가 잘 짖어서 불안하고 실내에서 쉬할까 봐 두려워요. 다만 강아지가 나가는 것을 좋아하고 저도 필요성을 느껴서 데리고 다녀요.

Q. 강아지를 입양하게 된 계기가 있나요?

입양하게 된 계기는 친구 강아지를 한 달 정도 맡아서 돌봐준 적이 있는데 어머니가 강아지를 키우면 어떨까? 라고 하셨어요. 저는 삶이 힘들어질 것 같아서 처음엔 반대했지만 공부를 하고 만반의 준비를 마친 후 데리고 왔어요.

Q. 한강에 강아지와 함께 나오는 분들이 많은데요. 이곳에 왜 강아지 놀이터가 없을까요?

한강에 그런 공간이 없는 이유는 잘 모르겠어요. 언젠가 근처 다른 지자체에서 강아지 공간을 만들었다가 주민 반대로 없어졌던 적이 있어요. 이렇게 추진되었다가 무산되는 경우, 강아지가 절대적으로 갈 수 없는 공간이 되기 때문에 한강 이용자들도 강아지 공간을 만들어달라고 요구하기가 조심스러워요.

처음에는 한강 공원에 강아지 공간을 만들자고 동네 사람들끼리 으샤으샤했지만, 다른 지자체처럼 공간을 만들다가 무산될 경우 그런 공간은 허용이 안 된다고 확고하게 정해지기 때문에 공간을 만들자는 운동을 하지 않는 거죠. 만약 근처에 리드 줄 없이 같이 있을 수 있는 공간이 유료로 만들어진다고 해도 회원권까지 끊어서 다닐 의향이 있어요. 대부분의 다른 반려인들도 같은 생각일 거예요.

다만, 조건은 있어요. 보통의 강아지 운동장은 흙 밭이라서 좋지 않아 보였어요. 강아지가 뛰어다니라고 만든 곳인데, 먼지가 너무 많이 나고, 자연스러운 느낌은 떨어져요. 우리나라 강아지 인식 때문에 강아지 공공 구역이 많지 않은 것 같아요. 집 근처에 강아지 공공 구역이 있다고 하면, 시끄럽고 냄새날 것 같다, 집값이 떨어질 것 같다는 생각을 하나 봐요.

Q. 마지막으로 사람들에게 하고 싶으신 말이 있나요?

하고 싶은 말은 남의 개에게 신경 좀 안 써줬으면 하는 거예요. 저희는 관심이 일절 필요 없어요. 모른 척해주는 게 최선인 것 같아요.

강아지가 귀엽다는 말도 싫어요. 귀엽다고 하면 강아지가 짖기 시작하기 때문이에요. 그렇게 되면 주위 다른 사람들 눈치도 보이고, 악순환이 시작돼요. 특히 어린애들은 소리를 지르고 다니기 때문에 강아지가 힘들어해요. 또, 먹이 주는 것도 자제해줬으면 좋겠어요. 강아지가 다이어트 중이기도 하고 사람이 함부로 먹을 것을 줄까 봐 솔직히 무서워요.

키우는 사람들부터 일반 사람들까지 대중적 교육이 필요한 것 같아요. 이런 면이 있다는 것은, 교육을 받거나 직접 경험하지 않으면 모르거든요. 그래도 무엇보다 가장 우선시되어야 할 것은, 강아지를 데려오기 전에 키울 사람에 대한 교육인 것 같아요. 주위에서 아무리 매너를 잘 지킨다 해도, 함께 살 사람이 교육을 잘 받는 것이 성숙한 반려문화의 시발점이라고 생각해요.

CHAGE 4

CHAPTER 4

행복한 반려생활을 위하여

가족 간 신뢰감 형성하는 방법

사람들에게 "평생 동반자는 어떤 사람이었으면 좋을 것 같아요?"라
고 물을 때, "거짓말을 하지 않았으면 좋겠어요." 혹은 "믿음직한 사
람이었으면 좋겠어요."라는 대답을 자주 들을 수 있다.

누군가와 함께 살면서 얻을 수 있는 큰 장점은 안정감을 느낄
수 있다는 점이다. 나 혼자에게만 의지하며 살아가기 보다는 나를 나
만큼 아껴주는 다른 누군가가 있다는 사실은 큰 힘이 된다. 이때 안
정감을 얻기 위한 가장 기초적인 부분은 상대를 신뢰할 수 있느냐의
여부다. 이 말은 사람과 강아지 간에도 적용된다.

강아지와 했던 약속은 지키기는 것이 중요하다. 앞서 언급된 규
칙을 지키는 것 역시 약속을 지키는 것의 일부다. 그런 순간순간을
지켜 나가며 신뢰감은 형성된다.

부모를 포함한 일반적인 성인은 아이들의 보호자가 될 수 있으며 지인이나 가족, 강아지가 병원에 입원했을 경우 환자의 보호자가 될 수 있다. 즉, 누군가를 보호하는 역할을 하는 사람이다. 이번에는 강아지의 '보호자'라는 단어에 초점을 맞추어 약속을 지키는 법을 알아보자.

아기가 태어난 가정의 경우, 아기는 강아지에게 소리를 지르거나 꽉 껴안는 등 무례한 행동을 할 수 있다. 아기는 모든 것을 입에 넣어보고 만져보며 자기 자신이 중심이 되어 세상을 바라보기 때문에 강아지의 불편한 마음을 알아차릴 여유가 없다. 이때, 아기의 무조건적인 행동을 저지하여 '이 아기는 강아지를 공격하지 않게 해줄게'라는 모습을 보여주고, 무언의 약속을 강아지가 신뢰하게 된다면 강아지는 아기를 더욱 사랑하고 소중한 존재로 여길 것이다.

낯선 사람을 만났을 때도 보호자가 강아지를 지켜줄 것이라는 믿음이 있다면 강아지는 여유로운 모습을 보일 가능성이 높다. 강아지의 공격적인 모습은 자신을 지키려는 심리에서 발현되는데, 보호자가 자신을 지켜줄 것이라는 확신이 있다면 공격적인 모습이 줄어들 확률이 큰 것이다.

집 안에서 강아지만의 공간을 주는 것도 안정감을 주기 위한 좋은 방법이다. 조용하고 벽이 있는 구석진 공간에 포근한 쿠션을 놓아주면 강아지만의 장소가 될 수 있다. 집의 형태로 천장이 있는 공간은 강아지에게 안락하다는 느낌을 주는데, 견종별로 선호하는 장소의 형태가 있는 것 같다. 롤로의 경우 어렸을 때부터 천장이 있는 케이지보다는 공간이 뚫려서 많은 것을 관찰할 수 있는 공간을 선호했다. 대부분의 강아지, 특히 수동적인 강아지들은 자신의 몸을 어느 정도 숨긴 상태에서 얼굴을 살짝 내밀어 주변을 관찰하는 것을 좋아한다고 한다.

집 내부에서부터 안정감과 신뢰감을 쌓은 강아지는 자신감이 생기고, 행동에 여유가 묻어난다.

내 강아지는 도시에 삽니다

강아지에게 기대하면 안 되는 것

사람과 동물의 구별법에는 다양한 관점이 있지만, 이성을 통제할 수 있는지 유무에 따라서도 나눌 수 있다. 많은 강아지의 경우 보호자가 손에 간식을 들고 있으면 억지로 뺏으려고 하지 않고 침착함을 유지하며 앉아 있을 수 있다. 보호자가 간식을 건네주었을 때에도, 마구 달려들어 씹지 않고 이성을 찾으며 보호자의 손을 물지 않도록 조심하기도 한다. 하지만 강아지는 가끔씩 이성을 잃는다. 사람이 사람답지 못한 행동을 했을 때, 금수보다 못한 사람이라는 옛말이 있는 이유다.

강아지가 동물인 이유의 뒤편에는 강한 본능이 자리하고 있다. 특정 상황에 맞닥뜨리면 논리적으로 생각하지 못하고 충동적으로 본능에 충실한 행동을 하는 것이다. 그 예로는 길에서 마주치는 고양이를 쫓아가는 것이 있다.

주변에서 말하길, 순하다는 롤로도 고양이는 쫓아간다. 쫓다가 가까워지면 멈춰서 바라본다. 막상 다가가려니 두려운 존재지만, 길에서 고양이를 마주했을 때는 자기도 모르게 발이 먼저 움직이는 것이다. 고양이는 본능적으로 도망가면서 이에 대응한다. 롤로가 충동적으로 고양이를 쫓아가는 데에 대한 목적은 없다. 사실 고양이는 롤로에겐 두려운, 미확인 존재이기 때문이다. 다만 야외에서 움직이는 무언가를 마주했을 때, 본능이 시켜 따라갈 뿐이다.

롤로가 살던 곳에는 많은 길고양이가 있었다. 그중 한 어미 고양이는 꽤나 씩씩했는데, 아기 고양이들을 출산하고서 그렇게 된 것 같았다. 어느 정도냐면, 롤로가 사는 집 문 앞에 영역표시를 하고 간 적도 있었다. 보통의 고양이는 자신의 배변 활동을 숨긴다. 자기보다 강한 상대가 자기를 찾을 수 있는 근본적인 부분을 없애고자 하는 이유다. 고양이보다 몇 배 무거운 롤로는 체급으로 고양이에 압승할 수 있다. 그런 고양이에게 롤로는 두려운 존재로 취급받는 것이 일반적이지만, 지켜야 할 아기 고양이들이 생긴 어미 고양이에게 롤로는 싸워서 쫓아내야 할 대상이 되었다. 하루는 자기네 영역에 마킹을 하고 떠나는 롤로가 미웠는지, 어미 고양이가 쫓아와서 롤로 엉덩이를 손톱으로 찍어버렸던 적이 있다. 이때 롤로는 대처도 못한 채 당황했고 그 상황에 대한 충격이 컸던 듯하다. 꽤 오랜 시간이 지난 지금도 롤로는 길을 걷다가 뒤에 고양이가 오는지 힐끔힐끔 쳐다보는 습관이 생겼다.

하루는 까만 몸집 때문에 존재하는지조차 몰랐던 고양이 근처에 실수로 가는 바람에 롤로 머리가 크게 딱 소리 날 정도로 냥냥 펀치를 맞았던 적도 있었다. 동물병원에서 기르는 고양이를 만났을 때도 고양이가 귀찮다는 듯 꼬리를 탁탁 치자, 롤로는 낑낑거리며 근처를 배회했다. 롤로를 지긋이 응시하며 한자리를 묵묵히 지키는 고양이가 무서워 보였던 것 같다. 롤로는 고양이와 싸우게 되는 상황이 생기면 항상 당황하며 도망 다녔던 바보다. 실내에서 이성을 가진 채 도망 다니지 않는 고양이를 발견했을 때에도 다가가지 못했다. 하지만 이런 롤로도 길에서 고양이를 만나게 되면 본능에 의해 고양이를 쫓아간다. 정작 마주하면 어쩔 줄 몰라 하지만, 누군가를 쫓아간다는 본능이 강하게 작용한다.

강아지가 어느 상황에서건 내 말을 듣고, 누군가를 공격하지 않는 것은 기대하지 않는 것이 좋다. 강아지는 사람과 달리 가끔 이성을 잃고, 최악의 경우 우리의 통제를 벗어날 수 있는 상황이 올 수 있다는 것을 기억해야 한다. 또, 강아지의 충성도나 인내심을 실험하겠다고 강아지가 극단적인 감정 표출을 하는 상황을 만들다 보면 강아지가 이성을 잃는 순간이 올 수 있기에 조심해야 한다. 강아지는 사람과 다르게 이성이 제어될 수 없는 순간이 있기에 이런 본능을 이

해해야 한다는 점. 또, 이런 특징이 있기에 안전과 관련해서는 특별한 주의가 필요하다는 점을 명심해야 한다. 앞선 '우리 집에 부정적인 상황은 없다'의 핵심 메시지인 '강아지에게 내가 화낼 만한 상황을 만들지 말라는 것'과 '강아지가 내가 이해할 수 없는 행동을 하면 반드시 그것에 상응하는 이유가 있기 때문에, 알고 보면 화를 낼 필요가 없는 것'과 유사한 맥락이다.

강아지와 사람의 차이는 '고개를 돌리면 홀드, 하품하면 중단' 편에 자세히 소개했는데, 간략히 적어보자면 우리는 말로 대화하지만 강아지는 몸을 사용한 대화가 익숙하다는 것이다. 따라서 강아지는 사람이 의사소통하는 방식을 힘들게 느낄 수 있다. 따라서 강아지가 내가 말하는 지시어를 잘 알아들을 것이라 기대를 하지 않는 것이 좋다. 대신 제스처를 함께 곁들여 강아지와 소통을 시도하면, 내 말을 보다 수월하게 알아들음이 느껴질 것이다.

강아지와 사람은 서로 다른 부분이 있고, 이런 차이점 때문에 오히려 서로를 더 찾는 것 같다. 하지만 대부분의 우리는 강아지를 사랑하면서 어느 부분에서는 사람 같은 모습을 원할 때가 있다. 본능이 발현될 수 있는 상황에서 이성을 지키기를 기대한다든지, TV에 나온 천재 강아지를 보며 우리 집 강아지도 저렇게 사람 말귀를 잘 알아듣기를 기대한다든지 하는 때다.

강아지랑 같이 갈 수 있는, 사람 전용 미용실

강아지와 떨어져 있는 시간이 긴 이유 중 하나는, 내가 볼일을 보러 외출할 때 강아지 동반을 하기 어려워서일 것이다. 헤어숍의 경우 오로지 나를 위한 공간이기 때문에 보통의 우리는 머리카락을 손질해야 할 때 강아지를 당연히 집에 놔둔다.

어느 화창한 날, 아무 생각 없이 들렀던 미용실 실장님과 대화하다가 이곳이 강아지 동반이 가능한 곳이라는 사실을 알게 되었다. 이곳은 어떻게 운영되고 있을까. 강아지 동반 미용실의 현실은 어떨까?

Q. 강아지 동반 미용실이라는 특징이 있는데, 강아지를 동반한 손님도 많이 올 것 같아요.

강아지를 동반한 사람들이 생각보다 많이 오지는 않아요. 보통 엄마들이 많이 오는데 엄마들은 강아지를 키우지 않는 고객층이기 때문이에요.

Q. 강아지랑 같이 올 수 있는 미용실이란 개념이 생소한데, 운영에 불편한 점은 없나요?

강아지 동반 헤어숍은 생각보다 많은데, 왕십리나 강남 쪽이 활성화되어 있기도 합니다. 강아지가 싫다고 인상 쓰는 손님이나 디자이너도 있지만 좋아하는 사람이 더 많아서 강아지 동반에 큰 어려움은 없는 것 같아요. 방문했던 강아지 중, 사나운 개는 한 번도 못 봤어요. 오는 애들이 다 착해요.

예전에 개인 헤어숍을 운영할 때, 미니어처 핀셔Miniature Pinscher와 상주하며 일을 했는데 사람들이 냄새가 난다고 하더라고요. 저는 몰랐지만 그렇다고들 하셨어요. 헤어숍엘 집처럼 매일같이 출퇴 근하니, 장소를 지키기 위해 멍멍 짖기도 한다는 단점도 있었네요.

Q. 이곳을 이용하기 위한 팁을 주세요.

사람 없는 시간은 월요일 오후 4시쯤, 그때 방문하시면 강아지도 보다 자유롭게 있을 수 있어서 좋아요. 또, 손님 머리 자를 때 강아지에게 머리카락이 떨어질 수 있어요. 잘린 머리카락에 파묻히면 제거할 때 고생할 수 있으니, 머리카락이 떨어지지 않는 거리 정도로 강아지를 놔두면 좋아요.

 **우리나라의 강아지 장난감 문화**

개 장난감은 왜 만들어졌을까?

아래는 롤로가 지금까지 가지고 놀았던 장난감 종류다.

마음대로 물고, 당기는 터그 놀이를 해도 튼튼한 실타래

물면 삑삑 소리가 나서 강아지 흥미를 유발하는 인형

실외에서 던지기 놀이를 할 수 있는 프리즈비 혹은 공

닦아주는 천 재질 혹은 칫솔같이 생긴 플라스틱 재질의 치석제거용 장
난감

스스로 움직여서 강아지의 로봇 친구, 혹은 사냥감 같은 느낌을 주는
모터가 달린 인형

방수 재질로 만들어지고 물에 뜨는 수영용 장난감

강아지용 방 탈출처럼, 수수께끼를 풀어야 간식이 나오는 장난감

강아지 놀이터에 방문했을 때 실물 장난감 대체품으로 놀아줄 수 있는 레이저 기구

흔들면 방울소리가 나며 간식이 떨어지는 공

　내용을 보면, 장난감은 참 다양하게 발전해왔다. 하지만 이를 단순화해서 기본적으로 수행하는 역할을 보면 강아지가 가지고 노는 장난감과 보호자와 놀 때 연결 수단으로 쓰는 장난감 크게 두 분류로 나눌 수 있다. 어느 목적으로 쓰든 장난감은 대상의 인지력과 창의력을 발전시키는 역할을 하기에 어느 한쪽이 우세하다고 할 수는 없다.

　현대 사회, 특히 우리나라에서 강아지 장난감은 보호자가 부재한 상황에 투입되어 강아지의 심심함을 달래줄 거리로 많이 사용된다. 강아지가 스스로 가지고 노는 데 초점이 맞춰 있는 것이다. 이에 대한 배경으로 보호자가 집에 있는 시간이 다른 나라에 비해 비교적 짧다는 데 있다. 보호자가 놀아줄 시간이 충분하지 않아서, 강아지 혼자서라도 시간을 보낼 수 있는 환경을 만들려는 특징이 있다.

　하지만 강아지의 집중력은 길지가 않다. 특히 자기 스스로 건드려야 움직이는 장난감이나 일정한 움직임을 반복하는 장난감은 곧 싫증나기 마련이다. 강아지 혼자서 놀기 위한 장난감에는 이런 한계

내 강아지는 도시에 삽니다

가 있다. 짧은 시간 내에서는 강아지가 흥미롭게 받아들이지만, 보호자가 외출하여 장시간 돌아오지 않을 경우 이내 흥미를 잃게 되는 것이다.

반면, 보호자와 함께 놀이를 즐길 수 있는 매개체로의 장난감은 강아지의 흥미를 보다 길게 끌 수 있다. 사실 강아지는 장난감과 노는 것보다 사람과 함께 논다는 점에 훨씬 행복해하고 집중하기 때문이다. 뿐만 아니라 보호자도 놀이에 참여하며 강아지와 유대감을 쌓을 수 있다는 장점도 있다.

이런 장난감의 경우 대부분 구성이 심플하지만, 심화시켜 만들 수도 있다. 심플한 장난감의 예로는 물고 당길 수 있는 실타래나 테니스 공 정도를 상상할 수 있다. 심화된 버전은 어질리티의 종류다. 함께 장애물 뛰어넘기, 시소 타기, 타이어 통과하기 등이다. 개인적으로는 재활용 박스와 물통을 이용해 DIY 장난감을 만들어보기도 했는데, 강아지의 반응이 꽤 좋았다. 장난감 속에 간식을 숨기고, 강아지가 그 장난감을 빼도록 유도하는 방식이었다. 보호자가 없을 때 사용할 수 있는 간식이 떨어지는 공과 달리, DIY 장난감은 강아지가 간식을 금방 찾기 때문에 매 회마다 보호자가 간식을 숨겨줘야 한다는 차이점이 있다. 이 과정에서 강아지에게 집중하고, 칭찬하고, 함께 즐거워했기에 연결수단으로 장점은 충분했다고 할 수 있었다.

비반려인을 배려하는 법

아이를 키우는 것은 부모가 아니라, 한 마을이 키우는 것이라는 말이 있다. 이 말은 강아지 세계에서도 존재한다. 강아지가 도시에서 산다면, 어쩔 수 없이 다른 생명체와 끊임없이, 그리고 자주 상호작용을 하게 된다. 그중에서도 사회화가 잘된 다른 강아지들, 특히 점잖은 의사표현을 할 수 있는 강아지, 그리고 무엇보다 강아지를 만나게 되는 사람들이 중요하다.

강아지를 키우지 않아도 거리에 나가면 종종 동물을 발견하게 된다. 내가 좋든, 싫든 계속 마주친다. 즉, 비반려인 역시 강아지와 자주 마주치는 일이 생기며, 이때 어떻게 행동하느냐에 따라 강아지에게 중대한 영향을 미치기도 한다.

사람과 강아지는 대화하는 방식이 조금 다르다. 사람은 말을 할 수 있기 때문에 언어로 몸짓을 대신할 수 있다. 풍부한 표정으로도 몸짓 이외의 방법으로 소통이 가능하다. 강아지는 대화하는 주 통로가 몸짓이다. 하지만 이런 사실을 잘 모르는 사람은 강아지를 대할 때 다른 사람과 소통했던 방식으로 접근하는 경우가 많다. 귀엽다고 말로 표현을 하거나, 껴안는 행위는 사람들끼리 가끔 하는 행동이지만 강아지 세계에서는 그런 방식으로 소통을 하지 않는다. 강아지와 대화하는 법을 잘 모르는 사람이 별 뜻 없이 했던 행동이 강아지에게 큰 자극으로 다가와 사람의 얼굴을 무는 등 사건사고가 일어나는 원인이 되기도 한다. 이 때문에 강아지를 잘 모르는 사람들 역시 강아지와 소통하는 법을 배울 수 있었으면 한다. 내가 의도하지 않게 강아지에게 스트레스를 주고, 이것이 불씨가 되어 개 물림 등 사고를 유발할 수 있기 때문이다.

강아지 문화 및 인식 개선을 위해서 사람이 먼저 강아지에 대해 잘 알아야 하는 중요한 이유가 있다. 그것은 강아지보다는 사람을 위한 이유다. 결국 반려인, 비반려인, 그리고 강아지는 선택권이 없이 계속 마주쳐야 하는 이웃사촌이며 유기적인 관계라고 볼 수 있다. 강아지 문화 및 인식 개선이 된다면 반려인을 넘어 비반려인도 행복하게 공생하는 관계가 될 수 있을 것이다.

강아지에 트라우마가 있는 사람 중 한 케이스를 얘기해보면, 어렸을 때 무섭게 생긴 강아지를 보고 여러 안 좋은 상상을 하며 자라는 경우가 있다. 아이가 성장하는 과정 동안 강아지에게 가깝게 다가 갔던 적이 없어서, 상대에 대해 알 길이 없고, 막연한 두려움이 트라우마가 되는 것이다. 강아지에게 직접 물리거나, 누군가가 물리는 것을 보면서 트라우마가 생기기도 한다. 이런 경우 어렸을 때부터 강아지(또는 다른 동물)에 대한 이해를 시켜주다 보면 자연스럽게 무서움이 줄어들 것이다.

실제로 필자는 중형견을 시도 때도 없이 볼 수 있는 서울 연남동 근처에 살았던 적이 있다. 이때는 밤 1시 이전에 연트럴파크에 나가면 꼭 여러 종류의 강아지를 볼 수 있었다. 젊은 세대가 많이 사는 연남동의 연트럴파크는 산책하기 좋은 거리로 조성된 숲길이다. 이곳에는 소형견도 많았지만 중형견도 많았고, 리트리버보다 더 큰 초대형견도 간간히 보였다. 이때는 외출의 목적이 뚜렷했다. 다른 강아지를 만나는 것이었다. 어중간한 새벽 시간이 아닌 이상, 밖에 나가면 롤로와 체격이 비슷한 강아지를 볼 수 있었다. 연트럴파크를 걸으면 마주치는 사람들의 80%가 롤로를 그냥 지나쳤다. 12% 정도는 강아지끼리 냄새를 맡게 해주려고 멈춰 섰다. 5% 정도는 롤로가 귀엽다며 지나갔다. 2% 정도가 롤로를 발견하고 우리와 경로가 겹치지 않게 뱅 둘러 돌아가던 사람들이었고, 1%가 휴대폰을 보며 길을 걸어서 롤로가 가까이 온 후에야 뒤늦게 발견하고 화들짝 놀라는 부류였다. 참고로 사람들이 많은 곳에서는 롤로가 사고 칠 수 있는 상황

자체를 만들지 않기 위해 항상 리드 줄을 짧게 잡고 있지만, 그래도 강아지가 무서운 사람들은 굳이 마주치는 상황을 만들지 않으려고 한다. 강아지가 자주 보이는 연트럴파크 주위의 주민은 이렇게 다양한 형태로 공생했다.

지방으로 이사 온 후에는 상황이 많이 변했다. 롤로의 눈으로 세상을 본다고 생각하면, 아마도 좀비 세상에 살고 있다는 느낌을 받을 것이다. 소형견이 대부분인 곳으로 이사를 왔기 때문인데, 이마저도 잘 볼 수가 없다. 아파트 단지를 배회하다 보면 어느 집에서 멍멍 짖는 소리만 한 차례씩 들릴 뿐이다.

이곳은 자치구에서 운영하는 공립 강아지 놀이터는 없고, 개인이 운영하는 사설 놀이터만 존재하는데 그곳에도 강아지가 별로 없어서 그냥 풀밭에서 뛰어놀기 용으로만 갈 수 있을 뿐이다. 롤로는 멀리서 사람이 걸어 다니는 것을 보면 아주 유심히 보곤 하는데, 알고 보니 흰 장바구니를 들고 가는 걸 유심히 본 것이라 눈치를 채면 좀 웃기기도, 안쓰럽기도 하다. 롤로 시선에서는 강아지인 줄 알고 뚫어져라 쳐다보는 것이라 여겨지기 때문이다.

이렇게 강아지가 귀한 곳에서는 낮에 산책하기가 부담스럽게 느껴진다. 일단 아이들이 많아서 특히 더 신경을 쓰게 된다. 그 이유는 롤로가 아이들에게 짖거나 공격적인 태도를 보여서가 아니다. 아이들이 소리 지르며 롤로에게 뛰어오면, 롤로는 꼬리를 내리고 다른 곳으로 피하기 때문에 이 부분에 있어서는 편하다. 아이들이 뛰어다니고 도망 다니고 쫓아다녀도, 롤로는 아랑곳 않고 완전 무시를 해버리는 편이다. 생각 외로 불편한 점은 바로 아이들이 롤로를 보고 깜짝 놀라서 상처를 받을까 하는 점이다. 아이들 입장에서는 자기만 한 강아지를 무서워하는 경우가 꽤 많은 편이기 때문에, 아이가 롤로를 갑자기 발견하는 일이 없도록 롤로가 같은 공간에 존재한다는 상황을 계속 허공에 소리로 알려주며 다녀야 한다.

약 2,000세대가 사는 아파트 단지에서, 아직까지 롤로만 한 중형견은 다른 강아지를 무서워하는 보더콜리 딱 한마리만 볼 수 있었다. 이곳에서 롤로는 의도치 않게 소수자의 입장이 되어버렸다. 길을 지나다니면 강아지를 무서워하는 사람을 더 자주 보게 된다. 그들 입장에서 이렇게 큰 강아지는 본 적이 거의 없기에 무섭다는 인식을 가지는 듯하다. 강아지를 무서워하지 않더라도 산책하는 롤로의 모습은 대화 주제의 대상이 된다. 직접적으로도 신기하게 생겼다, 멋있게 생겼다고 말을 걸어주시는 사람의 비율이 연트럴파크보다 훨씬 높다. 강아지 놀이터에 갔을 때도 장소를 운영하시던 사장님께서 롤로가 신기한지 사진을 찍어가셨다. 서울에 살 때는 겪지 못했던 것을 자주 겪게 된다.

다행히 나와 롤로는 우호적인 관심을 좋아하는 편이다. 하지만 우호적이든 부정적이든, 관심을 받는 것 자체를 부담스러워하는 사람이나 강아지도 있다. 어쨌거나, 이곳에서 롤로와 산책을 할 때 가장 염려되는 부분은 강아지를 무서워하는 사람이 롤로를 보고 무서운 상상을 하며 그 인상이 뇌리에 박혀 트라우마가 되어버리는 것이었다. 그래서 사람이 없는 시간대를 골라 산책을 가는 것이 버릇처럼 되었다.

이렇게 우리만의 강아지 좀비 영화가 시작된다. 영화 <나는 전설이다>에 보면, 좀비의 공격에서 살아남은 자가 새로운 '사람'을 보면 엄청 반가워하면서도 경계를 하는 복합적인 상황이 나온다. 같은 동족을 보면서 위로를 받고 이유 없는 안심을 하게 되지만, 혹시라도 그 상대가 나에게 피해를 끼치지 않을까, 적은 아닌 것인가 두렵기도 한 상황인 것이다. 롤로가 지금 딱 그런 세상에 온 것 같다. 소통할 강아지가 많지 않아서 그런지 나에게 말을 더 거는 것 같기도 하다. 강아지를 이전보다 더 조금 마주치고, 자신을 두려워하는 사람이 늘어난 세계에 사는 강아지는 사회감각도 좁아지는 느낌이다.

결론적으로 사람은 개를 자주 만나게 되면 무서움을 극복할 수 있는 실마리가 생긴다. 털 알레르기 등 의학적인 이유로 개와 함께하지 못하는 사람도 있지만, 개와 친하지 않은 사람 중에서 조금이라도 강아지에게 다가갈 수 있는 사람이 생긴다면 그래도 성공적이다. 개 입장에서도 자기에게 우호적인 개체를 만나고, 소통하다 보면 자연스레 사회성이 좋아지기에 개와 개, 개와 사람, 반려인과 비반려인 등 모두에게 좋은 결과를 불러올 것이다.

이를 위한 가장 기본이 되어야 할 메시지는 개는 동반견이며, 복종의 관계가 아닌 우호적인 관계로 신뢰를 쌓아야 한다는 것이다. 다만 친구 같은 존재라도 허용될 수 없는 것이 있다. 예를 들어 어린 아이와 개, 둘만 같은 공간에 놔두는 것은 서로 이성적인 생각을 할 수 없는 개체이기 때문에 절대 해서는 안 될 일이다. 기본적인 부분만 잘 지켜나간다면 개와 이를 보는 사람들 역시 끊임없는 긍정의 연결고리가 생성되어, 개와 사람 그리고 반려인과 비반려인 모두가 공존할 수 있는 문화가 형성될 것이다.

TIP ---

비반려인도 도시에서는 개를 마주하게 된다

반려인들이 늘어나는 만큼 이를 수용할 수 있는 제도와 시설은 당연히 늘어나야 하고 보호자에 대한 교육도 필수적으로 더 많아져야 한다고 생각합니다. 그리고 비반려인과 강아지를 싫어하는 사람에 대한 배려와 제도 또한 마찬가지로 균형적으로 발전되어야 한다고 생각해요.

앞으로는 반려인과 비반려인의 구분된 공간이 더 늘어날 것이라 생각합니다. 현재는 반려견을 키우는 사람보다 키우지 않는 사람이 더 많고 그 중에는 개를 극도로 싫어하는 사람들도 있습니다. 때문에 함께 있을 수 있는 공간보다 조화롭게 분리되는 공간을 더 만드는 것이 중요할 것이라 생각합니다.

구분된 공간의 필요성을 봤을 때는 우선 반려견끼리도 사실 소, 중, 대형견의 구분된 공간이 필요합니다. 만약의 사고를 방지하고 좀 더 자유롭고 편하게 놀 수 있게 하기 위해서죠. 하물며 사람과 반려견 사이에서는 더더욱 구분 된 공간이 필요하다고 생각합니다. 이럴 때 필요한 정책으로는 공원을 새로 만들 때 일정 부분은 반려견이 다닐 수 있는 부분을 만든다거나 하는 형식으로 어느 정도 해소할 수 있다고 생각합니다.

사고는 장소가 분리되지 않아서도 생길 수 있으나 보호자의 인식이나 교육에 대한 부족함으로 인해 생길 수도 있습니다. 그나마 그것을 최소화하기 위해서라도 분리된 공간이 필요하고 반려인에 대한 책임을 더 강하게 만들면 좋지 않을까요.

많은 사람이 벌레를 싫어합니다. 어떤 사람은 생선이 무서워서 만지지 못하는 경우도 있죠. 반려견도 똑같다고 생각합니다. 사람이 어떤 것을 싫어하고 무서워하는 데는 트라우마 같은 경험도 있겠지만 이유는 없다고 생각해요. 때문에 반려인과 비반려인이 모두 함께 하기 위해서 억지로 그 마음을 강요할 수 없기에 펫티켓 만을 강조해서는 문제해결이 사실 어렵고 반려인들이 비반려인에 대한 배려와 펫티켓을 통해 서로 어우러질 수 있는 문화를 만들고 또한 법을 통한 제도 개선을 해준다면 모두가 조화로울 수 있는 방법이 되리라 생각합니다.

사람을 따르지 않는 강아지가 집을 나갔다.

유기견을 입양하는 사람이 늘어나는 추세다. 경우마다 다르겠지만, 학대를 당했다든가 태어났을 때부터 사람이랑 가까이 있어 본 적이 없다든가의 이유로 사람과 함께 사는 데 익숙하지 않은 유기견들이 많다. 이런 경우, 집을 자주 탈출하는 경우가 있기 때문에 유기견을 입양한 다음에는 각별한 주의가 필요하다. 어느 단체에서는 임시보호를 시작한 첫 몇 주간은 산책을 시키지 않아야 한다는 조건을 걸기도 한다. 힘들게 구조한 강아지가 새 보호자의 집에 입양되었다가 바로 도망쳐 나오는 사건이 많기 때문이다. 사람과 사는 게 익숙하지 않은 강아지는 누군가의 집에 들어가는 순간 어떻게 탈출할 수 있는가에 대한 생각만 하루 종일 하며 지내는 경우가 많다.

유기견의 가출은 아무리 조심해도 단 한순간의 방심을 통해 일어날 수 있는 일이다. 실제로 어느 지인의 경우, 집에서 뛰쳐나가지 못하도록 펜스까지 설치하며 강아지를 맞이하기 위한 만반의 준비를 하신 분이 있었다. 대상은 집 근처 들판에서 만난 강아지인데, 사람을 많이 경계했지만 두 달에 걸쳐서 매일 밥을 주며 조금씩 친해진 상태이기도 했다. 지인은 그 강아지를 집으로 데려오고 난 다음 날부터 꾸준히 강아지가 발견된 곳에 함께 나가 산책을 했다. 황당하게도 며칠 후, 강아지는 밤새 자신의 리드 줄을 미세하게 갉아놓았고, 이를 모르는 보호자는 여느 때와 다름없이 새벽 산책을 나갔다가 강아지가 약해진 리드 줄을 끊고 도망갔던 적이 있다.

이렇게 힘든 기억을 가지고 있는 경우나 몸에 이상이 있어서 버려진 아이들, 태어났을 때부터 야생에서 태어나서 사람과 친하지 않은 강아지들은 키울 때 몇 배의 노력이 더 필요하다. 엄청난 노력이 필요한 대신, 강아지가 사람과 어울려 사는 법을 배울 수 있는 여지는 충분하다. 실제로 그 지인은 강아지와 많이 친해졌고, 이제는 사랑을 듬뿍 받고 자란 어느 강아지처럼 콜백(야외에서 강아지를 불렀을 때 강아지가 보호자의 말을 잘 듣고 바로 보호자에게 돌아오는 상황)도 잘 되는 상태이다. 아예 다른 강아지라는 생각이 들 정도로 보호자뿐만이 아니라 처음 보는 사람도 잘 따르게 되었다.

Q. 강아지 가출을 예방하는 법이 있나요?

사람을 따르지 않는 강아지의 경우, 위치 추적기를 단 목줄을 매일 하고 있으면 좋아요. 위치추적기는 종류가 별로 없다가 최근에 많은 상품이 나왔어요. 물에 빠졌을 때, 너무 춥거나 더울 때,

비정상적으로 운동량이 줄었을 때, 아이가 멀리 갔을 때 알람을 보내주고, 짖을 때 울트라소닉 소리로 강아지가 짖는 걸 방지해주는 다기능의 고가 기기가 있는 반면, 심플하게 위치 추적만 해주는 기능의 기기도 있어요. 위치추적뿐만 아니라, 강아지가 목줄을 하고 있으면 가출한 강아지를 야외에서 마주쳤을 때 손으로 잡을 수 있는 수단이 되기 때문에 집으로 데리고 오기가 훨씬 수월해요.

또, 강아지 등록을 꼭 해줘야 해요. 강아지 인식 칩 종류가 외부, 내부 등 여러 종류가 있지만, 사람을 잘 따르지 않는 강아지의 경우에는 몸에 등록 칩을 넣어주는 것이 가장 안전해요. 강아지가 가출했을 때 혹시라도 동물병원에 들어가게 된다면, 바로 보호자의 전화번호를 알 수 있어서 찾기가 쉽거든요.

Q. 혹시 강아지를 잃어버린 직후라면, 어떻게 대처해야 하나요?

포인핸드(www.pawinhand.kr) 등 관련된 웹이나 애플리케이션을 이용해 강아지를 잃어버렸다고 글을 올립니다. 사람들이 많이 찾는 지역 커뮤니티를 활용하는 것도 목격자를 빨리 찾기 쉬워요. 아래에 나열되는 방법 중 가장 효과가 좋았던 방법이에요. 실제로 목격자가 몇 명 나타났는데, 이것이 강아지를 잃어버린 후에 받았던 유일한 제보였어요. 강아지에 관심 있는 사람뿐만 아니라 더 광범위한 대중이 접근할 수 있는 방법이기에 동네 사람들이 이용하는 커뮤니티에 글을 올리면 좋아요.

강아지를 잃어버리고 시간이 좀 지났다면, 강아지와 관련되지 않은 주변지역 온라인 카페에도 글을 올리면 좋아요. 강아지가 어느 지역에 정착했다면, 그곳에 사는 지역 주민들은 강아지 얼굴이 친숙할 수 있기 때문이에요. 저는 차로 20분에서 30분 정도 걸리는 멀리 떨어진 지역에서 강아지를 발견했는데, 지역 카페에 글이 올라가자마자 강아지 목격담이 많이 올라왔어요. 이미 강아지 관련한 글이 올라와 있기도 했기에 나와 관련 없는 지역 같아도 커뮤니티 여기저기를 찾아보는 것도 좋아요.

커뮤니티 활용과는 별도로, 강아지 사진과 특징을 잘 담아 전단지를 만들 수도 있어요. 저는 전단지를 집 근처에 붙이고, 지나가는 사람들한테 나눠주고, 인근 상권의 가게주인 분들께 배포했지만 효과는 없었어요.

이것만으로는 부족하다고 생각해서 택배 아저씨랑 순찰대원께 강아지 사진을 보여주며 부탁을 드렸어요. 집 근처를 지나가는 택배 아저씨께 강아지 사진을 보여드렸는데, 다행히 강아지한테 관심이 있는 분들이 꽤 있어서 제 전화번호를 저장해놓으셨어요. 이분들이 강아지를 목격하지는 못했지만, 지속적으로 강아지를 찾았는지 물어봐주셔서 감동을 받았어요. 밤에 순찰하시는 분들 께서도 지속적으로 강아지가 있는지 같이 찾아봐주셨지만 결국 찾지 못했어요.

112나 119에 신고하는 방법도 있지만, 강아지 유실에 대해서는 관여를 많이 하지 못하세요. 하지만 강아지가 덩치가 크고 사람에게 피해를 끼칠 염려가 있는 경우 협조를 해주실 가능성이 있어요. 제가 119에 전화를 했을 때는 이미 강아지 관련 신고가 들어와 있지만, 이미 놓친 상태였어요. 하지만 이후 강아지가 어느 곳으로 갔는지 짐작을 하는 데는 도움이 되었어요.

유기견 센터에서 운영하는 네이버 카페에도 글을 올렸어요. 강아지를 걱정하는 댓글이 많이 달렸고, 실제로 개인적으로 연락 온 회원분도 있었죠. 이후 강아지를 찾으러 다니는 데 도움을 많이 주셨어요. 다수의 익명 공간에 글을 올리는 행위가 나 혼자는 아니라는 생각에 힘이 되기도 하지만 강아지 찾는 데 시간이 지체되자 내가 강아지를 찾으려 하지 않는다는 악성 댓글이 달리기도 해서 마음고생을 했어요.

주변 지인은 근처 사는 사람들한테 정보를 전달해준다고 했지만 실질적으로 제보가 오지는 않았어요. 하지만 같이 걱정해주었죠. 지푸라기라도 잡는 심정에 애니멀 커뮤니케이터로 활동하는 분께 강아지와의 교감을 의뢰했어요. 커뮤니케이터라는 분은 멀리 있는 동물과 보이지 않는 대화를 하며 강아지가 어떤 느낌인지, 어떤 환경에 살고 있는지 등을 파악하고 잘 살고 있는지를 알려준다고 해요. 그분께서는 강아지가 이후 발견되었던 곳과 정반대인 곳에서 힘겹지만 어떻게든 목숨을 이어나가고 있다고 하셨어요.

Q. 강아지를 찾았다면 어떻게 해야 하나요?

주변 아파트 경비실을 적극 활용하세요. 강아지가 출몰되었던 지역의 경비실 여기저기에 연락을 하면 좋은데, 공원 경비실, 중학교 경비실, 행정실이 여기에 해당해요. 강아지 이동 노선을 파악하고자 했지만 이분들은 잘 모르고 계셨어요. 하지만 밤이 늦었을 때, 경비실에서 관할하는 지역에 들어가는 것을 허락받았죠. 그래서 마음 놓고 시간에 구애받지 않은 채 마음껏 찾아다니러 들어갈 수 있었어요.

또, 지역에 따라 다르지만 포획도구를 빌려주거나 구조를 도와줄 수 있는 지자체가 있기도 해요. 지자체가 도움을 주기 어렵다면 주관 부서 번호는 동물 자유연대 홈페이지(www.animals.or.kr/sponsor/missing)에서 확인할 수 있어요.

강아지를 본 곳에 밥을 놓아두는 것도 좋은 방법이에요. 가출 이후 며칠이 흐르면 강아지가 너무 배가 고파 성질이 포악해지거나 길냥이를 공격한다거나 심각한 상태의 경우 아사상태에 이를 수 있어요. 강아지가 다니던 길에 밥을 놓고 떠나면 당장은 아니더라도 언젠가는 먹을 확률이 높기 때문에 주기적으로 먹이를 놓고 다니면 좋아요.

지역 캣맘도 생각지 못한 도움을 줄 수 있어요. 고양이에게 밥을 정기적으로 주는 분들은 이미 동물에 대한 관심이 높으세요. 이분들께 강아지를 본 적이 있는지 물어보면 좋아요. 캣맘들은 웬만하면 서로 연결되어 있기 때문에 정보를 공유하는 속도가 빨라요.

그 외로 카라(www.ekara.org)나 동물자유연대(www.animals.or.kr), (사)한국동물구조관리협회(www.karma.or.kr) 등에 어떤 도움을 요청할 수 있는지 알아보는 것도 좋습니다. 원칙적으로 보호자가 있는 강아지는 구조를 해주지 않지만, 포획틀 정도는 빌려줄 수도 있어요.

제 경우 몇 시간 내 퀵서비스로 포획틀을 배송받을 수 있었어요. 각 단체가 시기에 따라 대응 가능한 시간이 달라서, 최대한 많은 단체에 연락을 해본 결과였어요. 대여 비용은 무료고, 시기에 따라 대여 기간이 일주일에서 이주일 정도로 다르다고 해요. 제가 빌린 포획틀은 좀 커서 SUV 차량에 들어가지 않을 것 같아 퀵서비스로 받았어요. 어떤 포획틀은 SUV 차량 안에 들어간다고 해요. 퀵서비스 비용은 멀리서 오는 것이기에 자부담 편도 55,000원이었고, 몇 가지 서류와 보증금 15만 원이 필요했어요. 보증금은 추후 틀 반납 시 돌려주셨어요. 포획틀은 고등학생 여성 둘이서 힘들여 들고 다닐 수 있을 정도의 무게로, 혼자서 설치하기는 난이도가 높은 편이에요.

동시에 사설 동물 구조하는 곳도 함께 알아봤어요. 주인이 있는 강아지가 합법적으로 구조될 수 있는 거의 유일한 단체였는데, 50만 원 정도의 비용은 들지만 구조될 때까지 잡으러 다닌다고 하셨어요. 접수된 날 당일 출동하셨어요. 첫날은 사진을 찍고 아이 위치 파악을 한 후, 다음날부터 본격적으로 활동하는 것 같았어요.

다행히도 잃어버렸던 강아지는 다른 강아지를 좋아하는 편이었어요. 지역 강아지 모임 커뮤니티가 도움이 많이 됐어요. 나중에 알고 보니 지역 강아지 모임 회원 분들이 강아지 산책을 하는 시간대에 우리 집 강아지도 어디선가 나와 같이 산책을 했다고 하시더라고요. 강아지 위치 파악에 많은 도움을 받았어요. 이곳을 통해 강아지가 자주 다니던 곳을 파악하고, 포획망을 설치했어요. 3일 후 강아지가 포획망 안으로 들어오며 구조를 성공리에 마칠 수 있었죠. 포획망에 들어가기 전까지 캔 고기, 삼겹살, 사료, 오리훈제고기, 불고기, 치킨을 음식이 식지 않게 넣어두었는데, 지역 주민들께서 상당 부분 도움을 주셨어요. 냄새가 강한 음식을 두고도 사료 봉지에 욕심이 있을 수 있으니 봉지채로 넣어두는 게 좋은 것 같아요.

참고로 강아지를 붙잡기 전에 대상이 내가 모르는 강아지라면 일단 구조를 미루는 것도 좋습니다. 해당 지역에서 오래 살던 강아지나 도움이 필요하지 않은 동물의 경우, 구조 후 보호해줄 사람이 없다면 안락사를 당할 가능성이 높거든요.

Q. 강아지 구조 후에 어떤 것을 해야 하죠?

포획틀에서 꺼낼 때, 강아지가 도망갈 수 있기 때문에 가장 중요한 시점이에요. 포획틀 자체를 집으로 이동하여 도망갈 수 없는 환경을 만드는 것이 가장 중요하겠지만, 이번 경우는 틀 자체가 너무 무거워서 해당 장소에서 강아지를 꺼내야 했어요.

강아지가 틀 안으로 들어가, 조금 기다린 후 도움을 주신 분들께서 하네스를 강아지 몸에 걸었어요. 강아지가 온순한 편이었기에 가능했죠. 그리고 집까지 걸어 들어가며 구조가 마무리되었습니다.

이때, 만약 강아지를 놓쳤다면 더 이상 포획틀로 구조할 수 없는 상황이 벌어지기에 조심에 또 조심을 기울여야 합니다. 강아지가 생각보다 기억력이 좋아서 같은 방법에 넘어오지 않거든요. 따라서 도움을 줄 수 있는 인원을 최대한 부른 후 진행하는 것이 좋죠. 강아지를 구조한 어떤 분은 119에 도움을 받아 목에 올가미 같은 것을 걸어 이동장으로 옮겼다고 하셨어요. 확실히 안전하게 옮길 수 있으나, 다른 사람들이 보기엔 좀 잔인해 보일 수 있다고 하셨죠.

보통은 구조 후 바로 동물병원 가서 기본검사를 받으라고 추천을 하더라고요. 제 경우 집에서 안정 후 며칠 뒤 동물병원에 갔어요. 혹시 모를 전염병이 옮을 다른 강아지를 키우지 않던 상태라 가능했던 방법이에요. 또, 외견상 강아지가 건강해 보였기에 시간을 두고 하나씩 정리를 할 수 있었어요.

Q. 포획망에서 강아지가 탈출했다면 다른 어떤 방법으로 강아지를 구조할 수 있었을까요?

제가 알지만 사용하지 않았던 방법이 몇 가지 더 있어요. 첫 번째가 마취총 사용이에요. 사람을 따르지 않는 거친 강아지들을 마취총으로 잡는다는 뉴스를 봤어요. 적은 가능성이지만 강아지가 마취총 맞고 쇼크사로 죽는 경우도 있어서 이 경우는 쓰지 않았어요. 참고로 마취총은 총 타입과 입으로 부는 타입, 두 가지가 있다고 해요.

두 번째 방법은 수면제를 먹이는 거예요. 강아지가 다니는 곳에 수면제를 탄 간식을 놓고 기다리는 방법인데, 개장수들이 많이 쓰는 수법이기도 하더라고요. 하지만 강아지가 수면제를 먹고 바로 자는 게 아니라, 여기저기 돌아다니다가 어딘가에서 픽 쓰러져 잔다고 해요. 자는 곳이 도로 위가 된다면 끔찍한 상황이 생길 수도 있기에 사용하지 않았어요.

세 번째 방법은 노루망을 사용하는 거예요. 바닥에 노루망을 깔고, 강아지가 그 위로 올라가면 여러 사람이 천천히 집어 올리면서 강아지를 감싸버리면 되지 않을까라는 생각이 들었지만 시도하기 전에 다행히 강아지를 구조할 수 있었어요.

네 번째 방법은 그물망 넷 건을 쓰는 것인데, 가격이 엄청 비싸고 대여하기가 어려웠어요. 다른 방법으로는, 다른 강아지에게 긴 줄을 채우고 둘이 놀게 하며, 자연스럽게 줄이 엉키는 것을 유도할 수 있을 것 같아요. 이 경우는 강아지를 손으로 제압해야 하고

그 와중에 물리는 걸 각오해야 해요. 저도 시도해보았지만 줄이
쉽게 엉키지는 않더라고요.

Q. 고생을 많이 하셨네요.

네, 강아지가 눈치가 빨라서 수상한 어른이 보이면 도망가던 강
아지였어요. 구조 과정에서 여러 사람들한테 요청을 드리다 보니
큰 도움을 주신 분들도 자연스럽게 많아졌어요. 덕분에 구조가
수월했죠. 사실 저보다 다른 분들이 더 고생하셨죠.

내 강아지는 도시에 삽니다

초판 1쇄 발행	2022년 9월 20일
지은이	박모카
펴낸이	신민식
펴낸곳	가디언
출판등록	제2010-000113호
주소	서울시 마포구 토정로 222 한국출판콘텐츠센터 306호
전화	02-332-4103
팩스	02-332-4111
이메일	gadian@gadianbooks.com
홈페이지	www.sirubooks.com

출판기획실 실장	최은정	디자인	이세영
경영기획실 팀장	이수정	온라인 마케팅	권예주

종이	월드페이퍼(주)
인쇄 제본	(주)상지사

ISBN	979-11-6778-054-6(13490)

이 도서는 한국출판문화산업진흥원의
'2022년 우수출판콘텐츠 제작지원'사업 선정작입니다.